Surendranath Padhi
Sasmita Panda
Sudhir Kumar Das

Tópicos sobre Pescas e Aquacultura

Surendranath Padhi
Sasmita Panda
Sudhir Kumar Das

Tópicos sobre Pescas e Aquacultura

ScienciaScripts

Imprint

Cover image: www.ingimage.com

This book is a translation from the original published under ISBN 978-620-2-06936-6.

Publisher:
Sciencia Scripts
is a trademark of
Dodo Books Indian Ocean Ltd. and OmniScriptum S.R.L publishing group

120 High Road, East Finchley, London, N2 9ED, United Kingdom
Str. Armeneasca 28/1, office 1, Chisinau MD-2012, Republic of Moldova, Europe
Printed at: see last page
ISBN: 978-620-8-23190-3

PREFÁCIO

Este livro, intitulado "Tópicos sobre Pescas e Aquacultura", foi concebido com o objetivo de satisfazer as necessidades dos estudantes dos níveis de licenciatura e profissional. Os tópicos foram selecionados com base nos programas de estudo de diferentes universidades tradicionais e faculdades autónomas. Para além dos aspectos curriculares, contém métodos de cultura de diferentes organismos aquáticos economicamente importantes para benefício dos jovens desempregados com formação. Estes podem adquirir conhecimentos sobre a cultura de peixes, camarões, caranguejos, moluscos, etc. A Índia tem um vasto potencial para o desenvolvimento da pesca e da aquacultura nos recursos hídricos disponíveis, o que pode resolver muitas questões relacionadas com a segurança nutricional, o emprego rural, as receitas de exportação, etc. O livro será útil para essas pessoas adquirirem conhecimentos.

Estamos gratos à Comissão de Bolsas Universitárias, ao Prof. Dr. A.K. Panda, antigo diretor do Ravenshaw College; aos diretores do KBDAV College, Banki College, Jatni College e às autoridades da WBUAFS pelas facilidades e encorajamento.

Agradecemos aos nossos colegas, amigos e familiares que, direta ou indiretamente, nos ajudaram na preparação deste livro. O Dr. R.K. Mahapatra, a Dra. Sunita Sarangi, a Dra. Nibasini Panda, N. Mohanty, o Dr. S. Paltasingh e o Dr. Tenente S.R. Mohanty, o Dr. A.K. Rath, o Sri B.K Panda, o Sri G.C. Panda, o Sri K. Barik e o Sri K. R Mahapatra merecem uma menção especial pela sua cooperação e encorajamento.

Sentimos que ainda há necessidade de melhorar o livro, o que pode ser abordado em edições subsequentes, remetendo para os valiosos comentários dos nossos leitores e simpatizantes. Quaisquer sugestões para melhorar o livro podem ser enviadas para o autor correspondente através de padhisurendranath5@gmail.com. Por último, mas não menos importante, agradecemos a todas as pessoas que nos ajudaram na preparação deste livro.

RECONHECIMENTO

The University Grants Commission, Nova Deli.

Dr. A. K. Panda, antigo diretor do Colégio Ravenshaw.

Diretor, Colégio KBDAV, Nirakarpur.

Diretor, Colégio Jatni, Jatni.

Autoridades da WBUAFS, Calcutá.

Dr. Tenente S.R. Mohanty, Dr. R. K. Mahapatra, Dr. Sunita Sadangi, Dr. Nibasini Panda, Dr. A. K. Rath, Dr. S. Paltasingh, Sri N. Mohanty, Sri G.C. Panda, Sri B.K. Panda, Sri K. Barik, Sri H.C. Suara e Sri K.R. Maharana.

Conteúdo

CAPÍTULO 1

CLASSIFICAÇÃO DOS PEIXES

1. INTRODUÇÃO

Um peixe é uma criatura que vive na água e tem uma cauda e barbatanas. Existem cerca de 32.000 espécies que diferem muito entre si em termos de forma, tamanho, hábitos e habitats. Alguns deles são muito pequenos, não ultrapassando uma polegada de comprimento, enquanto alguns atingem um comprimento de até 18,50 metros. Vivem em todos os mares, rios, lagos, canais, barragens e em quase todos os sítios onde há água. Vivem a uma temperatura de -1,8^0 C a 40^0 C, pH de 4 a 10, salinidade de 0 a 90 ppt, oxigénio dissolvido de zero a saturação, profundidade de 0 a 7000m (Davenport e Sayer, 1993). Os peixes têm geralmente um corpo alongado, mas alguns são alongados em forma de serpente e alguns são comprimidos dorso-ventralmente. Têm barbatanas emparelhadas e não emparelhadas suportadas por raios moles ou espinhosos. As barbatanas dorsal, caudal e anal são não emparelhadas, enquanto as peitorais e a pélvis (ventral) são emparelhadas. Um certo número de espécies possui barbilhões que são excelentes órgãos de tato. Constituem, do ponto de vista económico, um grupo de animais muito importante. Para além de ser utilizado como alimento, o fígado de peixe é uma importante fonte de óleo contendo vitaminas A e D. O óleo corporal de peixe é amplamente utilizado na indústria de sabão e de curtumes. Os peixes também produzem farinha de peixe, estrume de peixe, ictiocola e vários outros produtos comerciais. É, portanto, natural que o homem tenha prestado uma atenção considerável ao estudo da anatomia, fisiologia e hábitos dos peixes. Os peixes têm as seguintes caraterísticas comuns, a maioria das quais se deve à sua vida permanentemente aquática:

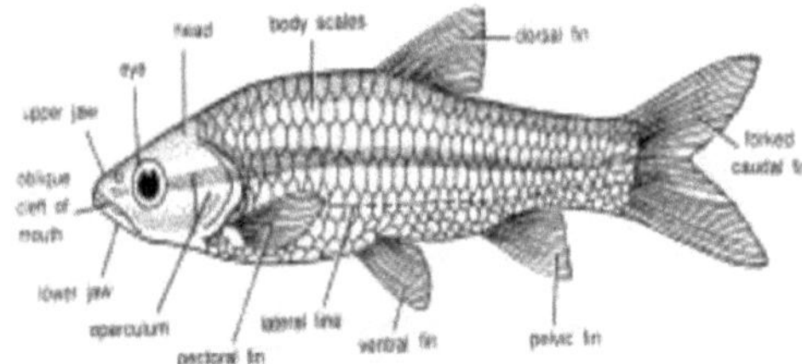

Figura 1: PEIXES AQUÁTICOS

1. Brânquias como órgãos respiratórios.
2. Barbatanas emparelhadas e não emparelhadas suportadas por raios de origem dérmica.
3. Normalmente as escamas formam o exoesqueleto.
4. A notocorda é parcialmente substituída por vértebras cartilagíneas ou ósseas.
5. Estão presentes arcos viscerais emparelhados. O primeiro par forma os maxilares superior e inferior, o segundo forma o suspensório e os restantes suportam as brânquias.
6. Sem ouvido médio.
7. Rim mesonéfrico.

8. Canal alimentar com estômago e pâncreas definidos e que termina na cloaca ou no ânus.
9. O coração é venoso e tem duas câmaras, ou seja, uma aurícula e um ventrículo. Sinus venosus e sistemas renal e portal presentes. Eritrócitos enucleados, poiquilotérmicos.
10. Cérebro com cinco partes habituais. Nervos cranianos com dez pares.
11. As narinas são emparelhadas, mas não se abrem na faringe, exceto nos Dipnoi. As cápsulas nasais são parcialmente separadas nos Chondrichthyes e completamente separadas nos Osteichthyes.
12. A cavidade timpânica e os ossículos do ouvido estão ausentes.
13. Ouvido interno com três canais semicirculares.
14. O sistema de linhas laterais está bem desenvolvido.
15. Os sexos são separados. Gónadas tipicamente emparelhadas. Os gonodutos abrem-se na cloaca ou de forma independente.
16. Fecundação interna ou externa. As fêmeas dos Chondrichthyes são ovíparas ou ovovivíparas e as dos Osteichthyes são maioritariamente ovíparas e raramente ovovivíparas ou vivíparas. Ovos com grande quantidade de gema. Clivagem meroblástica.

1.1. Esboço da classificação dos peixes

Filo - Chordata

Sub-Filo - Vertebrata

Divisão- Gnathostomata

Série - Peixes

1.1.1. Classe1.Elasmobranchii

1. O esqueleto é cartilaginoso.
2. A pele possui escamas placóides.
3. A boca está posicionada ventralmente.
4. Operculum ausente.
5. A bexiga aérea e os pulmões estão ausentes.
6. A cloaca está presente.
7. Nos machos, as pinças estão presentes.
8. A maioria tem hábitos marinhos.

1.1.1.1. *Subclasse-Selachii*

1. Suspensão da mandíbula holostílica ou anfisílica.
2. Fendas branquiais presentes.
3. Barbatanas emparelhadas sem eixo mediano.
4. Machos com pinças.

A subclasse selachii foi dividida em duas super-ordens:-

1. Pleurotremata
2. Hipotremia

1.1.1.1.1. *Super-ordem 1-Pleurotremata*

1. Fendas branquiais presentes nas faces laterais.
2. Metades direita e esquerda da cintura peitoral separadas dorsalmente.

3. Margem anterior da barbatana peitoral livre.

1.1.1.1.1.1. Ordem1. Lamniformes

1. Duas barbatanas dorsais. Não têm espinhos.
2. Cinco arcos de guilho.
3. Palato-quadrado pouco articulado ou não articulado com o crânio. Exemplos: *Coliodon* (peixe-cão), *Stegostoma* (tubarão-tigre) *Zygaena* ou *Sphyrna* (tubarão-martelo) *Scyllium*, *Heptanchus, Squalus*

1.1.1. L2. Super-ordem-Hypotremata

1. As fendas branquiais abrem-se na superfície ventral.
2. Bases das barbatanas peitorais largas e fundidas com a cabeça e o tronco.
3. O hipomandibular não apresenta raios branquiais.
4. Espiráculos situados dorsalmente atrás dos olhos.

1.1.1.1.2.1. Ordem1. Rajiformes

1. Ausência de órgãos eléctricos.
2. Cabeça formada por um focinho.
3. Cartilagens pré-orbitais não aumentadas.
4. Exemplos: *Rinobatus* (raia), *Trygon* (raia), *Myliobatus* (raia), *Pristis* (peixe-serra) Raya ou Raja.

1.1.1.1.2.2. Ordem2. Torpediniformes

1. Órgãos eléctricos presentes entre a cabeça e as barbatanas peitorais.
2. Cabeça redonda.

Exemplos - *Torpedo* ou *Astrape* (raio elétrico)

1.1.2. Classe2. Holocefalia

1. Endosqueleto cartilaginoso.
2. As mandíbulas estão cobertas de placas córneas.
3. Notocorda sem constrição.
4. Plato-quadrado fundido com o neurocrânio.
5. Fendas branquiais quatro de cada lado e cobertas com opérculo.
6. A cloaca está ausente.
7. A boca é ventral. A narina é mediana.
8. Cauda dípica.
9. Duas metades da cintura pélvica não fundidas.

1.1.2.1. Sub-classe-Chimaera

1. Notocorda persistente.
2. Notocorda rodeada por muitos anéis parcialmente calcificados.

1.1.1, 1.1, Ordem-Chimaeriformes

1. Não existe um verdadeiro centro.
2. Outras personagens como acima.

Exemplos -Chimaera, *Callorhynchus.*

1.1.3, Classe 3-Dipnoi

1. Crânio autostílico, palato-quadrado firmemente fundido ao neurocrânio.
2. Os ossos dérmicos estão presentes no crânio, nos maxilares e no arco peitoral.
3. Apresenta uma única fenda branquial de cada lado do tronco.
4. O corpo é coberto por escamas ciclóides.
5. O opérculo, a bexiga de ar e a cloaca estão presentes como habitualmente.
6. As barbatanas emparelhadas são de tipo lobado.
7. Cintura pélvica não emparelhada.

1.1.3.1.1, Super-ordem-Ceratodi

1. Sem placas gulares.
2. O teto do crânio é formado por poucos mas grandes ossos.
3. A barbatana caudal é difercal. É confluente com as barbatanas dorsal e anal.
4. A cintura pélvica é não pareada e não ossificada.

1.1.3.1.1.1. Ordem1. Ceratodiformes

1. Endocrânio cartilaginoso
2. A bexiga de ar é simples.

Exemplo - *Neoceratodus*

1.1.3.1.1.2. Ordem2. Lepidosireniformes

1. O endocrânio é membranoso.
2. A bexiga de ar está emparelhada.

Exemplos: *Protopterus, Lepidosiren.*

1.1.4. Classe 4-Teleostomi

1. O endosqueleto é ligeiramente ósseo.
2. O crânio é geralmente hiostilo palato-quadrado não fundido com o endocrânio.
3. Apresenta uma única fenda branquial externa de cada lado da cabeça.
4. A boca é terminal.
5. O opérculo e a bexiga de ar estão normalmente presentes.
6. A cloaca e as pinças estão ausentes.
7. A cauda é homocercal.
8. narinas internas ausentes.

Esta classe divide-se em duas subclasses

1 .Crossopterygii e 2. Actinopterygii

1.1.4.1. Subclasse I-Crossopterygii

1. Barbatanas emparelhadas com um lóbulo que contém radiais.
2. O osso escamoso está presente.
3. As narinas internas estão presentes.

Exemplo -Latimeria.

1.1.4.2. Subclasse 2 -Actinopterygii

1. As radiais das barbatanas emparelhadas não estão dispostas biserialmente.
2. As narinas internas e o osso escamoso estão ausentes.

1.1.4.2.1.1. Ordem1. Polypteriformes

1. Escamas ganoides rômbicas típicas cobrem a pele.
2. As barbatanas peitorais têm uma pequena base proeminente.
3. Barbatana dorsal com muitas barbatanas.
4. Bexiga aérea bilobada. Abre-se para o intestino ventralmente.

Exemplo - *Polypterus.*

1.1.4.2.1.2. Ordem2.Acipenseriformes

1. O corpo está coberto por cinco filas de escudos ósseos.
2. O focinho é bastante alongado.
3. A barbatana caudal é heterocercal.
4. O endocrânio é cartilaginoso. Exemplo -Acipenser.

1.1.4.2.1.3. Ordem3.Amiiformes

1. A barbatana caudal é heterocercal.
2. Pré-maxilas firmemente articuladas com o crânio.
3. Radiais peitorais ligados à cartilagem escápulo-coracoide.
4. Os centros vertebrais não são opisthocoelus.

Exemplo - *Amia*

1.1.4.2.1.4. Ordem4. Lepidosteiformes

1. A pele é coberta por escamas ganoides rômbicas.
2. As aberturas nasais estão presentes na extremidade do focinho muito alongado.
3. Barbatana caudal abreviada heterocercal.
4. Vértebras completamente ossificadas. São opisthocoelus.

Exemplo -*Lepidosteus* (Gar-pike)

1.1.4.2.1.5. Ordem5.Clupeiformes

1. As escamas que cobrem o corpo são bem desenvolvidas.
2. A barbatana caudal é homocercal.
3. As barbatanas dorsal e anal não têm espinhos.
4. Centros das vértebras completamente ossificados.

Exemplos: -Salmo, *Clupeia, Notopterus.*

1.1.4.2.1.6. Ordem6. Scopeliformes

1. Barbatanas dorsal e anal sem espinhos.
2. A barbatana adiposa está presente.
3. Estão normalmente presentes órgãos luminosos que produzem luz.
4. A boca é grande. É provida de numerosos dentes pequenos.

Exemplo -.-*Harpodon* (pato de Bombaim).

1.1.4.2.1.7. Ordem7. Cypriniformes

1. Está presente um aparelho weberiano peculiar, que liga o ouvido à bexiga de ar.
2. As barbatanas ventrais estão em posição abdominal.
3. Barbatanas sem espinhas ou com uma única espinha cada.
4. A bexiga de ar está ligada ao tubo digestivo por um ducto.

Exemplo: *Clarias.*

1.1.4.2.1.8. Ordem8. Anguilliformes

1. Corpo alongado, semelhante a uma enguia e viscoso.
2. As barbatanas dorsal e anal são longas e estreitas.
3. Pele nua ou com escamas minúsculas incrustadas na pele.
4. Barbatanas pélvicas ausentes mas, se presentes, abdominais.
5. As barbatanas não têm coluna vertebral.
6. Bexiga de ar ligada ao tubo digestivo.

Exemplos:- *Anguilla, Muraena.*

1.1.4.2.1.9. Ordem9. Beloniformes

1. O corpo é alongado e coberto de escamas ciclóides.
2. Barbatanas sem espinhos.
3. As barbatanas ventrais são abdominais.
4. Alguns deles são capazes de planar no ar com a ajuda de barbatanas peitorais alargadas.

Exemplos:- *Exocoetus* (peixe voador), *Belone* ou *Xenentodon, Hemiramphus* (meio bico).

1.1.4.2.1.10. Ordem10. Syngnathiformes

1. Corpo coberto por uma camada protetora de escamas ou anéis ósseos.
2. A boca é terminal.
3. Focinho tubiforme.
4. Raios das barbatanas dorsal, anal e peitoral não ramificados.

Exemplos: - *Hippocampus* (cavalo-marinho), *Fistularia* (peixe-flauta), *Syngnathus* (peixe-cachimbo).

1.1.4.2.1.11. Ordem11. Ophiocephaliformes

1. As escamas ciclóides cobrem o corpo.
2. Cabeça coberta de grandes escamas.
3. A bexiga aérea é muito longa, estendendo-se até à região caudal.
4. Metapterigóide articulando-se com o esfenótico ou frontal à frente do hiamandibular.
5. Os órgãos respiratórios acessórios estão presentes.

Exemplo:-Ophiocephalus *(Channa).*

1.1.4.2.1.12. Ordem12. Symbranchiformes

1. Corpo viscoso, semelhante a uma enguia ou cobra, desprovido de escamas.
2. A bexiga de ar está ausente.
3. Barbatanas sem espinhos.
4. As barbatanas dorsal, caudal e anal são contínuas entre si.

Exemplos: - *Amphipnous cuchia, Symbranchus bengalensis.*

1.1.4.2.1.13. Ordem13. Perciformes

1. Barbatanas geralmente suportadas por espinhos.
2. Estão presentes duas barbatanas dorsais.
3. As barbatanas ventrais não têm mais de 6 raios.

4. O aparelho weberiano está ausente.

Exemplos: -*Anabas* (perca trepadora), *Pterois, Trichiurus, Nandus.*

1.1.4.2.1.14. Ordem14. Pleuronectiformes

1. Corpo dorso-ventralmente achatado. Estão adaptados para viver no fundo do mar,
2. Ambos os olhos estão de um lado.
3. Crânio assimétrico.
4. Barbatanas geralmente sem espinhos.
5. A bexiga aérea está ausente nos adultos mas presente nos jovens.

Exemplos:- *Synaptura, Pleuronectes, Solea.*

1.1.4.2.1.15. Ordem15. Mastacembeliformes

1. Encontrado em água doce.
2. Corpo em forma de enguia.
3. As barbatanas dorsal, caudal e anal são confluentes entre si.
4. A barbatana caudal é separada.
5. Barbatana anal com três espinhos.
6. Cavidade bucal alargada para permitir a respiração do ar.
7. Narina anterior tubular.

Exemplos : -Mastacembelus.

1.1.4.2.1.16. Ordem16. Echeneiformes

1. A primeira barbatana dorsal é modificada num disco adesivo para fixação ao substrato.
2. As escamas ciclóides cobrem o corpo.
3. Não existem espinhos nas segundas barbatanas dorsal e anal.
4. A bexiga de ar está ausente.
5. Estes são de grande importância económica.

Exemplos: - *Echeneis, Rêmora*

1.1.4.2.1.17. Ordem17. Tetrodontiformes

1. Estão presentes escamas que se transformam em espinhos.
2. A bexiga de ar pode estar presente ou ausente.
3. As fendas de guelras são limitadas.
4. As escamas ou placas ósseas cobrem o corpo do peixe.
5. As barbatanas ventrais têm uma posição torácica ou subtorácica. Exemplo:- *Ostracion, Tetradon, Diodon.*

1.1.4.2.1.18. Ordem18. Lophiiformes

1. Os ossos orbitofenoide, basofenoide e opistótono estão ausentes no crânio.
2. O primeiro raio da barbatana dorsal espinhosa é colocado na cabeça e transformado em illicium.
3. A bexiga de ar está ausente.

Exemplos: - *Lophius, Antennarius.*

Quadro 1: Classificação dos peixes

SN.	Class	Sub-class	Super-order	Order	
1	*Elasmobranchii*	*Selachii*	*1.Pleurotremata*	*Lamniformes Rajiformes*	
			2.Hypotremata	*Torpediniformes*	
2	*Holocephali*	*Chimaerae*		*Chimaeriformes*	
3	*Dipnoi*		*Ceratodi*	*Ceratodiformes*	
				Lepidosteiformes	
4	*Teleostomi*	*Crossopterygii*		*i.*	*Polypteriformes*
		Actinopterygii		*ii.*	*Acipenseriformes*
				iii.	*Amiiformes*
				iv.	*Lepidosteiformes*
				v.	*Clupeiformes*
				vi.	*Scopeliformes*
				vii.	*Cypriniformes*
				viii.	*Anguilliformes*
				ix.	*Beloniformes*
				x.	*Syngnathiformes*
				xi.	*Ophiocephaliformes*
				xii.	*Symbranchiformes*
				xiii.	*Perciformes*
				xiv.	*Pleuronectiformes*
				xv.	*Mastacembeliformes*
				xvi.	*Echeneiformes*
				xvii.	*Tetrodontiformes*
				xviii.	*Lophiiformes*

CAPÍTULO 2

PEIXES DE ÁGUA DOCE

2. Introdução

A superclasse pisces é constituída pelos vertebrados verdadeiramente maxilares e inclui todos os peixes. Os peixes são essencialmente formas aquáticas com barbatanas emparelhadas para nadar e guelras para respirar. Os peixes sofreram extensas modificações adaptativas e exibem uma variedade infinita de formas em diferentes ambientes. A organização dos peixes é tão diversa que é difícil fazer uma descrição completa e abrangente do grupo. Todos os peixes são poiquilotérmicos. São conhecidas cerca de 32.000 espécies de peixes. Parece que a Terra contém 97% de todas as águas em volume nos mares e oceanos, com menos de um por cento em lagos e riachos de água doce (o restante em gelo, ar atmosférico, etc.). Mas 58% das espécies de peixes são marinhas, 41% de água doce e 1% diádromas. Vários trabalhadores propuseram diferentes esquemas de classificação dos peixes. O peixe é uma fonte barata de proteínas animais e contribui significativamente para a segurança alimentar e nutricional do homem. Milhões de seres humanos sofrem devido à fome e à má nutrição. O desenvolvimento da pesca e da aquicultura é um meio adequado para resolver este problema em grande medida. Os vastos recursos aquáticos da Índia oferecem amplas oportunidades neste domínio. A Índia alberga uma rica diversidade de peixes, com 2358 peixes indígenas (877 de água doce, 113 de água salobra e 1368 peixes marinhos) e 291 peixes exóticos. Os recursos aquáticos interiores do país são vastos e variados, proporcionando amplas oportunidades para promover a pesca e a aquicultura de espécies de peixes diversificadas. Os recursos aquáticos incluem 2,4 milhões de hectares de lagos e tanques, 0,4 milhões de hectares de terras húmidas de planícies aluviais, 1,07 milhões de hectares de canais, jheels e massas de água abandonadas, 3,15 milhões de hectares de reservatórios, 1,24 milhões de hectares de águas salobras, 0,0 milhões de hectares de águas subterrâneas e 0,2 milhões de hectares de águas subterrâneas. Zona de água salobra, 0,12 milhões de km de rios e canais, etc. Apesar da rica biodiversidade de peixes, apenas cerca de uma dúzia de espécies está a ser utilizada na aquicultura. As espécies mais utilizadas são as seguintes

1 Labeo rohita, 2. Labeo calbasu, 3. Catla catla, 4. Cirrhina mrigala, 5.Hypopthalmichthys molitrix, 6.Ctenopharyngodon idella, 7.Cyprinus carpio, 8.Clarias batrachus, 9.Heteropneustes fossilis, 10.Wallago attu, 11.Mystus seenghala, 12.Notopterus chitala, 13.Channa punctatus, 14.Anabas testudineus.

Há várias outras espécies que precisam de ser experimentadas na aquicultura para aumentar a produção de proteínas animais ricas em nutrientes e, assim, reforçar a segurança nutricional das populações. Essas espécies podem ser utilizadas para melhorar a pesca através da produção de sementes e da subsequente criação em vários corpos de água lênticos e lóticos.

Família: Cyprinidae: As espécies potenciais são Labeo bata, L. boga, L. fimbriatus, L. dussumieri, L.gonius, L. dyocheilus, L. gonius, Tor khudree, T. mussullah, T. putitora, T. tor, Neolissocheilus hexagonolepsis, Gonoproktopterus curmuca, G.dubius, Puntius pulchellus, P.sarana, P.sophore, P.ticto, Amblypharyngodon mola, Barilius bendelisis, Cirhinus reba, Osteobrama cotio,

O. belangeri, Esomus danricus, Schizothrax progastus, S richardosonii, etc.

Família Schilbeidae: As espécies com potencial são Ailia coila, Silonia silondia, Eutropiichthys vacha, Clupisoma garua, etc.

Família: Bagridae: As espécies potenciais são Mystus aor, M.cavasius, M.tengra, M.vittatus,Aorichthys seeghala, Ompok bimaculatus, O. pabda etc.

Família: Channidae: As espécies potenciais são Channa marulius, C. striatus, C. micropeltis, C. leucopunctatus, etc.

Família: Clupidae: As espécies potenciais são Chanos chanos, Gadusia chapra, Tenualosa ilisha, etc.

Família: Mugilidae: As espécies são Mugil cephalus, Liza tade, L.parsia , Rhinomugil corsula etc.

Família: Cichlidae: A espécie potencial é Etroplus suratensis

Os peixes habitualmente utilizados na aquicultura são os seguintes

1.1. Labeo rohita

Posição sistemática

Filo: Chordata, Subfilo: Vertebrata, Divisão: Gnathostomata, Superclasse: Pisces, Classe: Osteichthyes, Subclasse: Actinopterygii, Ordem: Cypriniformes, Família: Cyprinidae, Género: Labeo, Espécie: rohita

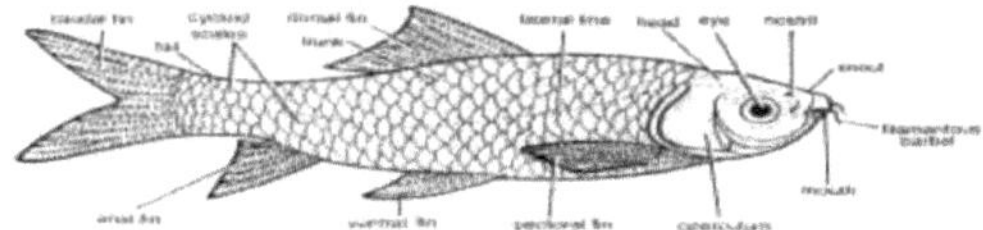

Figura 2: Labeo rohita

Hábito e habitat - O Labeo rohita é comummente encontrado em lagoas de água doce, lagos, rios e riachos. É principalmente herbívoro e alimenta-se no fundo. Alimenta-se de algas e plantas aquáticas. Respira por meio de brânquias e vem frequentemente à superfície da água para aspirar ar para a bexiga de ar. É ovíparo. A reprodução ocorre em águas correntes em julho e agosto. A fecundação ocorre na água, ou seja, externamente.

Forma, tamanho e cor - O Rohu tem um corpo fusiforme. A superfície dorsal é de cor negra e a face ventro-lateral é de cor prateada. O corpo divide-se em cabeça, tronco e cauda.

Cabeça - A cabeça estende-se desde a ponta do focinho até à margem posterior do opérculo. O focinho é deprimido e projecta-se para além dos maxilares. Na superfície dorsal do focinho existe um par de narinas. A boca é em forma de meia-lua, com uma fenda subterminal delimitada por lábios superiores e inferiores espessos e carnudos. Os olhos são grandes, situados lateralmente e não têm pálpebras. Um par de pequenas e delicadas

Os barbilhões maxilares estão presentes nas faces dorso-laterais da boca. O opérculo é fino, grande e cobre a brânquia em forma de placa.

Tronco - O tronco é alongado e oval em secção transversal, ou seja, largo no meio e estreito nas faces dorsal e ventral. O tronco é coberto por placas dérmicas finas, como escamas ciclóides sobrepostas. Em ambos os lados do tronco existe uma linha lateral, que também se estende sobre a cauda. As escamas ao longo da linha lateral contêm poros que comunicam com o canal tubular. O canal possui os órgãos sensoriais, os re-receptores, que são sensíveis à corrente de água. Na extremidade posterior do tronco, existem três pequenas aberturas em linha, o ânus anterior, o genital médio e o urinário posterior.

O tronco apresenta igualmente barbatanas emparelhadas e não emparelhadas. As barbatanas emparelhadas são as peitorais e as pélvicas. As barbatanas peitorais estão situadas nas faces antero-laterais do tronco, logo atrás do opérculo. Cada barbatana peitoral é suportada por 19 raios de barbatana. As barbatanas pélvicas estão situadas na face ventral, atrás das barbatanas peitorais. Cada barbatana pélvica é suportada por 9 raios de barbatana.

As barbatanas não emparelhadas são: (i) uma barbatana dorsal situada na linha médio-dorsal do tronco, aproximadamente sobre o meio do corpo, (ii) a barbatana anal situada posteriormente ao ânus na linha médio-ventral e (iii) a barbatana caudal ou barbatana caudal sobre a cauda. É homocercal com dois lobos iguais. A barbatana dorsal é suportada por 13 raios de barbatana, a barbatana anal tem 4-6 raios de barbatana e a barbatana caudal é suportada por vários raios de barbatana.

Cauda - A parte do corpo atrás da abertura urinária é a cauda. É comprimida lateralmente e estreita atrás. Na ponta da cauda encontra-se a barbatana caudal homocérmica. A cauda, juntamente com a barbatana caudal, serve de órgão locomotor.

1.2. Labeo calbasu

Posição sistemática

Filo: Chordata, Sub-Filo: Vertebrata, Divisão: Gnathostomata, Super Classe: Pisces, Classe: Osteichthyes, Sub Classe: Actinopterygii, Ordem: Cypriniformes, Família: Cyprinidae, Género: Labeo, Espécie: calbasu.

O peixe é conhecido popularmente como "Kalbasu". Assemelha-se ao *rohu.* Pode ser facilmente distinguido do *rohu* pela cor muito escura do corpo e pelos barbilhos escuros (2 pares). É um peixe omnívoro e alimenta-se no fundo.

Figura 3: Labeo calbasu

Consome detritos, lama, matéria orgânica em decomposição de origem animal e vegetal e organismos de fundo como minhocas e caracóis. Atinge um tamanho grande, com um comprimento de 3035 cm e um peso de 450 g no final do primeiro ano.

2.3. Catla catla

Posição sistemática

Filo: Chordata, Sub-Filo: Vertebrata, Divisão: Gnathostomata, Super Classe: Pisces, Classe: Osteichthyes, Sub Classe: Actinopterygii, Ordem: Cypriniformes, Família: Cyprinidae, Género: Catla, Espécie: catla.

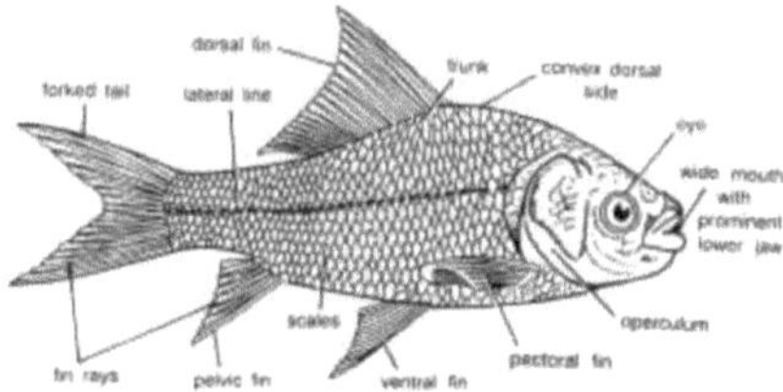

Figura 4: Catla **catla**

O Catla é vulgarmente designado por "Catla" ou bhakur (em Odisha). A cor do peixe é branco-prateado baço, com o dorso cinzento-escuro. As barbatanas são cor de laranja. Pode atingir cerca de 120 cm de comprimento. Focinho largo; boca com grande abertura; lábios finos, simples e não franjados; lábio inferior com uma prega transversal; cabeça grande. A pele é coberta por escamas ciclóides sobrepostas. Cabeça grande. Barbatana dorsal grande. Barbatana caudal bipartida. Possui uma grande bexiga de ar que se mantém dividida em dois lóbulos. É a carpa de crescimento mais rápido entre as espécies indígenas. Atinge 38-46 cm no final do primeiro ano. A reprodução ocorre de junho a agosto. Alimenta-se principalmente de algas, zooplâncton, rotíferos, crustáceos, etc.

2.4. Cirrhinus mrigala

Posição sistemática

Filo: Chordata, Subfilo: Gnathostomata, Classe: Teleostomi, Ordem: Cypriniformes, Família: Cyprinidae, Género: Cirrhinus, Espécie: mrigala.

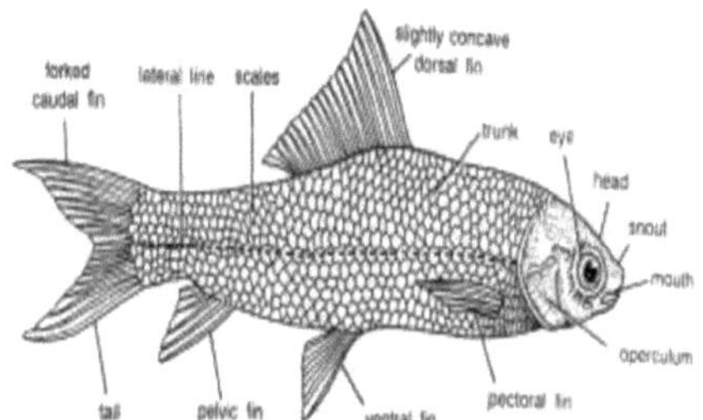

Figura 5: *Cirrhinus mrigala*

O Cirrhinus é vulgarmente designado por "Nain" em hindi e "mrigala" em bengali. Trata-se de um peixe linear com uma cabeça pequena. O adulto mede cerca de 90 cm de comprimento. Assemelha-se ao *rohu*, mas difere deste por ter uma boca terminal, lábios finos e não franjados e uma boca mais larga. A cor do corpo é azul prateado brilhante, com o dorso cinzento-escuro e as barbatanas vermelho-alaranjadas. O peixe atinge a maturidade sexual no segundo ano. A taxa de crescimento é lenta. O peixe é basicamente um alimentador de fundo e omnívoro por natureza. Consome restos de vegetais, detritos, algas, etc.

1.5. Hypothalmichthys molitrix

Posição sistemática

Filo: Chordata, Sub-Filo: Vertebrata, Divisão: Gnathostomata, Super Classe: Pisces, Classe: Osteichthyes, Sub Classe: Actinopterygii, Ordem: Cypriniformes, Família: Cyprinidae, Género: *Hypopthalmichthys*, Espécie: *molitrix*.

O peixe é vulgarmente designado por carpa prateada. É um peixe exótico originário da China e é amplamente cultivado nos países do Sudeste Asiático. Foi introduzido na Índia em 1959. O corpo é comprimido com uma quilha desde a garganta até ao respiradouro. O focinho é rombo, a boca é terminal mas o maxilar inferior é mais comprido do que o maxilar superior. As escamas são pequenas.

Figura 6: Hypophthalmichthys molitrix

2.6. Ctenopharyngodon idella

Posição sistemática

Filo: Chordata, Sub-Filo: Vertebrata, Divisão: Gnathostomata, Super Classe: Pisces, Classe: Osteichthyes, Sub Classe: Actinopterygii, Ordem: Cypriniformes, Família: Cyprinidae, Género: Ctenopharyngodon, Espécie: idella.

Figura 7: Ctenopharyngodon idella

A carpa herbívora é um peixe exótico introduzido na Índia. Tem uma taxa de crescimento rápida. O corpo é aerodinâmico. O perfil dorsal e ventral são igualmente arqueados. O focinho é curto. A boca é sub-terminal. A barbatana dorsal está mais próxima da ponta do focinho do que da base caudal. Barbatana peitoral moderada, não atingindo a barbatana pélvica. Barbatana caudal bifurcada. Escamas de tamanho moderado.

1.7. Cyprinus carpio

Posição sistemática

Filo: Chordata, Sub-Filo: Vertebrata, Divisão: Gnathostomata, Super Classe: Pisces, Classe: Osteichthyes, Sub Classe: Actinopterygii, , Ordem: Cypriniformes, Família: Cyprinidae, Género: Cyprinus, espécie: carpio.

A carpa comum está amplamente distribuída em todo o mundo. Trata-se de um peixe exótico. O seu habitat natural é a China e o Sudeste Asiático. O corpo é alongado e achatado dorso-ventralmente. A cabeça é triangular. O focinho é arredondado, a boca é oblíqua, saliente e pequena, os lábios são carnudos. Barbilhões com dois pares. Pode atingir um comprimento de cerca de 1,5 m. Os olhos são grandes e situados lateralmente. O corpo é coberto por grandes escamas sobrepostas. A barbatana dorsal é muito grande e prolonga-se para trás até à cauda. As barbatanas ventrais são abdominais. A barbatana peitoral é grande. A barbatana anal tem uma forma trapezoidal. Escamas da linha lateral 30 a 40. A espécie atinge a maturidade sexual em alturas diferentes, consoante as condições climáticas. São conhecidas três variedades de peixes.

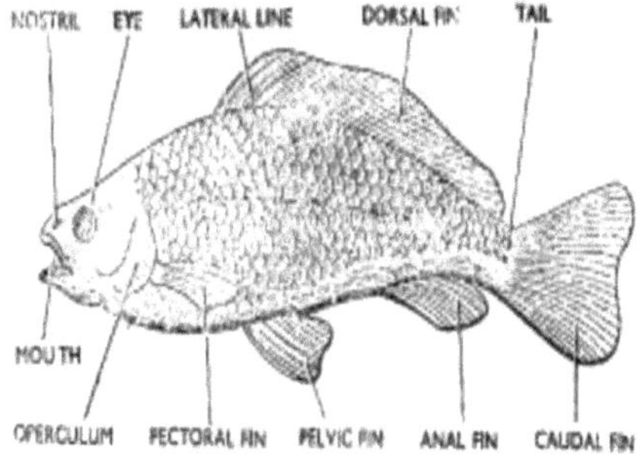

Figura 8: Cyprinus carpio

C. carpio communis : É vulgarmente designada por carpa escamada devido à presença de filas de escamas regularmente dispostas.

C. carpio nudus: É vulgarmente designada por carpa-couro devido à ausência geral de escamas.

C. carpio specularis : é vulgarmente designada por carpa-espelho. Caracteriza-se pela presença de poucas escamas dispostas num padrão irregular ou apenas dispersas.

1.8. Clarias batrachus

Posição sistemática

Filo: Chordata, Sub-Filo: Vertebrata, Divisão: Gnathostomata, Super Classe: Pisces, Classe: Osteichthyes, Sub Classe: Actinopterygii, Ordem: Cypriniformes, Família: Claridae, Género: Clarias, Espécie: batrachus.

Este peixe é vulgarmente designado por magur em hindi. O corpo é alongado, aerodinâmico, sem escamas e mede até 45,0 cm de comprimento. A cor geral do corpo é castanha uniforme ou preta acinzentada. A cabeça é dorso-ventralmente achatada, coberta de placas ósseas. Os barbilhões sensoriais são quatro pares. A barbatana dorsal é longa e sem espinhos, estendendo-se do pescoço até à barbatana caudal. A barbatana anal é igualmente longa. A barbatana adiposa não está presente. A barbatana caudal é homocercal. As barbatanas peitorais são dotadas de espinhos. Os órgãos respiratórios acessórios são ramificados em forma de árvore, especialmente concebidos para absorver o oxigénio do ar. A bexiga de ar está ligada ao ouvido interno por ossículos weberianos. A maturidade sexual ocorre ao fim de um ano. Encontra-se em água doce e também em água salobra em toda a Índia.

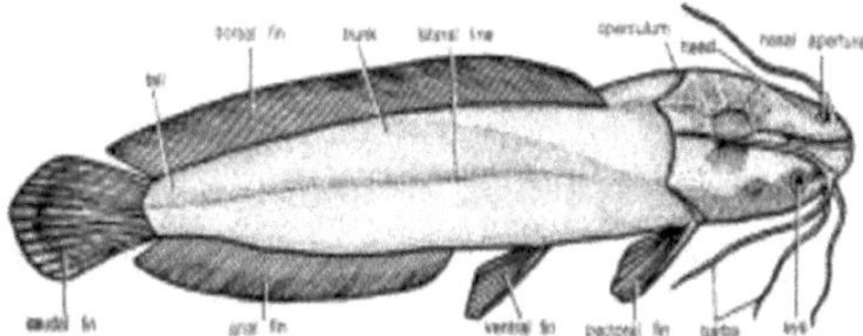
Figura 9: Clarias batrachus

2.9. Heteropneustes fossilis

Posição sistemática

Filo: Chordata, Sub-Filo: Vertebrata, Divisão: Gnathostomata, Super Classe: Pisces, Classe: Osteichthyes, Sub Classe: Actinopterygii, Ordem: Cypriniformes, Família: Heteropneustidae, Divisão : Siluri, Género : Heteropneustes, Espécie: fossilis.

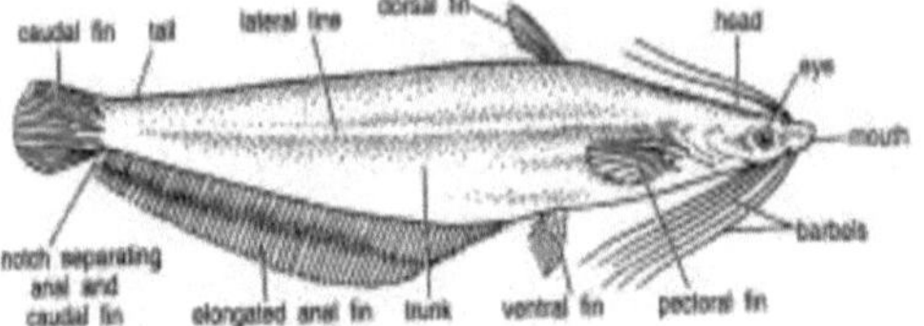

Figura 10: *Heteropneustes fossilis*

O peixe é vulgarmente designado por singhi em hindi. O corpo é alongado, comprimido lateralmente, medindo cerca de 30 cm de comprimento. A cabeça é achatada dorso-ventralmente. Os olhos têm uma margem circular livre. As barbelas são longas e têm quatro pares. Pele sem escamas. Barbatana dorsal curta e sem espinhos, barbatana ventral situada ao nível da barbatana dorsal. As barbatanas peitorais são fortes com espinhos venenosos. A barbatana anal é alongada e chega até à barbatana caudal, separada desta por um entalhe. A abertura branquial é larga. Órgãos respiratórios acessórios presentes sob a forma de divertículos tubulares que se estendem até à cauda. A bexiga de ar está presente. O peixe é encontrado em água doce da Índia, Paquistão e Sri Lanka.

1.10. Wallago attu

Posição sistemática

Filo: Chordata, Subfilo: Vertebrata, Divisão: Gnathostomata, Super Classe: Pisces, Classe: Osteichthyes, Sub Classe: Actinopterygii, Ordem: Cypriniformes, Família: Siluridae, Género:Wallago, Espécie: attu.

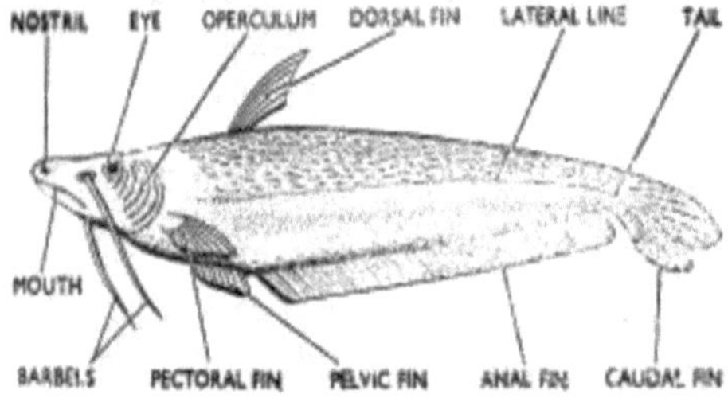

Figura 11: Wallago attu

Este peixe é vulgarmente designado por lachi, mullee ou boalli. O corpo é alongado e comprimido lateralmente, com o dorso reto. O seu comprimento pode atingir os 2 metros, mas os espécimes geralmente disponíveis têm 60-90 cm de comprimento. A cabeça é muito grande, o tronco é pequeno e a cauda é longa e afunilada. A boca é larga, estendendo-se abaixo e mesmo atrás dos olhos. As mandíbulas são dotadas de dentes. Barbilhões 2 pares, um par maxilar e um par mandibular. Os olhos estão acima do nível da boca e não estão cobertos de pele. A barbatana dorsal é curta e sem espinhos. Os espinhos peitorais são fracos. A barbatana anal é muito longa e a barbatana caudal é bi-lobada. A pele não tem escamas. A barbatana adiposa está ausente. Tem um carácter predador.

O Wallago attu é encontrado em rios e lagos de água doce em toda a Índia.

2.11. Mystus seenghala

Posição sistemática

Filo: Chordata, Subfilo: Vertebrata, Divisão: Gnathostomata, Super Classe: Pisces, Classe: Osteichthyes, Sub Classe: Actinopterygii, Ordem: Cypriniformes, Divisão: Siluri, Género: Mystus, Espécie: seenghala.

O corpo é alongado e atinge um comprimento de quatro pés ou mesmo mais. A cabeça é plana. A boca é transversal e terminal. Boca com 8 barbilhões. Duas barbatanas dorsais estão presentes. A barbatana caudal é bifurcada. A barbatana peitoral, a barbatana pélvica e a barbatana anal são de tamanho moderado. O peixe tem hábitos predadores. Encontra-se nos rios indianos.

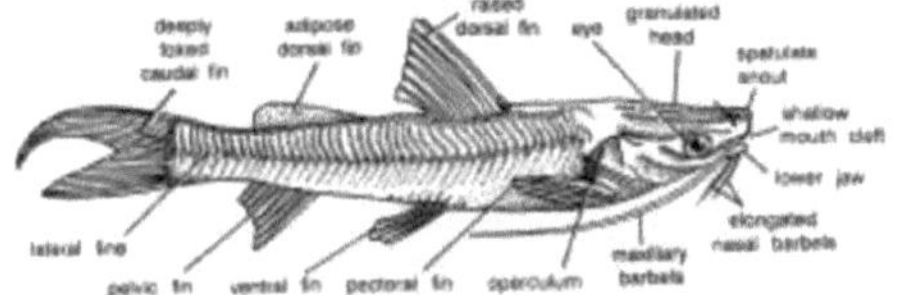

Figura 12: Mystus seenghala

1.12. Notopterus chitala

Posição sistemática

Filo: Chordata, Subfilo: Vertebrata, Divisão: Gnathostomata, Super Classe: Pisces, Classe: Osteichthyes, Sub Classe: Actinopterygii, Ordem: Clupeiformes, Família: Notopteridae, Género:Notopterus, Espécie: chitala.

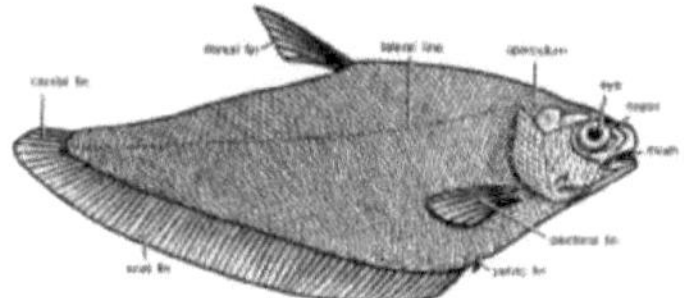

Figura 13: Notopterus chitala

Este peixe é vulgarmente conhecido por Chital. O corpo é fortemente comprimido e coberto de escamas minúsculas. O peixe mede até 15-17 cm de comprimento. A cor é castanha acobreada ou acinzentada ao longo do dorso, com 15 ou 16 barras transversais prateadas. As escamas são muito pequenas. A cabeça é pequena e a boca é grande. O focinho é obtuso e convexo. Barbatana dorsal pequena. As barbatanas peitoral e pélvica são muito pequenas. A barbatana anal é muito alongada e fundida com a barbatana caudal. Os canais musculares da cabeça são bem desenvolvidos. A bexiga aérea é muito grande, com várias divisões. O peixe é carnívoro e alimenta-se principalmente de vermes e insectos. O Notopterus chitala é encontrado exclusivamente em águas doces da Índia.

1.13. Channa punctatus

Posição sistemática

Filo: Chordata, Sub-Filo: Vertebrata, Divisão: Gnathostomata, Super Classe: Pisces, Classe: Osteichthyes, Sub Classe: Actinopterygii, Ordem: Ophiocephaliformes, Família: Ophiocephalidae, Género: Ophiocephalus (Channa), Espécie: punctatus.

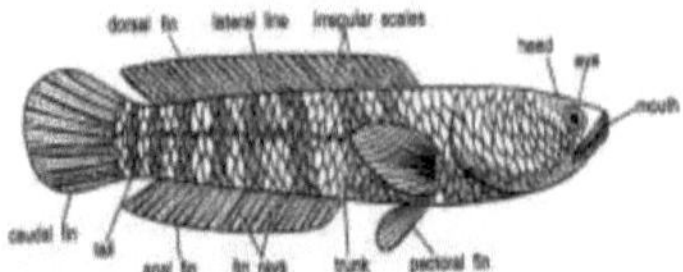

Figura 14: Channa punctatus

O corpo é alongado, a cabeça é deprimida e parece-se com a de uma cobra. O corpo é coberto por escamas ciclóides. Os olhos são moderados. A boca é grande. A barbatana peitoral estende-se até à barbatana anal. As barbatanas dorsal e anal são grandes e sem espinhos. Escamas da linha lateral 37 a 40 escamas pré-dorsais 12-13. Estes peixes são capazes de respirar ar atmosférico devido à presença de uma cavidade supra-ramenial acessória. Existem outras duas variedades.

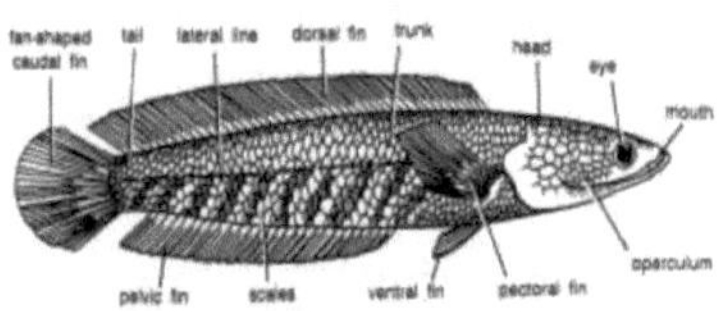

Figura 15: Channa striatus

Figura 16: Channa marulius

2.14. Anabas testudineus:

Posição sistemática

Filo: Chordata, Sub-Filo: Vertebrata, Divisão: Gnathostomata, Super Classe: Pisces, Classe: Osteichthyes, Sub Classe: Actinopterygii, Ordem: Perciformes, Família: Anabantidae, Género: Anabas, Espécie: testudineus.

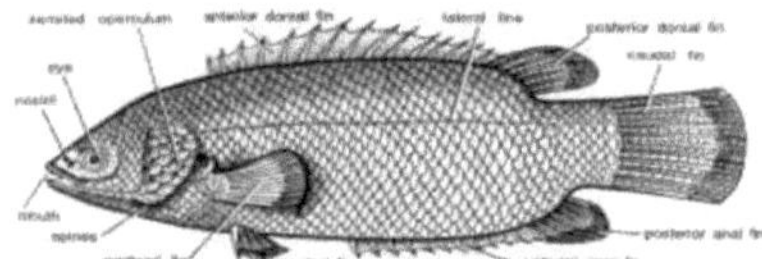

Figura 17: Anabas testudineus

Este peixe é vulgarmente conhecido como perca trepadora. Tem um corpo oblongo, comprimido lateralmente, com um comprimento de cerca de 20-30 cm. O corpo é coberto por escamas ciclóides. A barbatana dorsal é alongada e tem muitos espinhos. A barbatana anal também é comprida e tem espinhos. A barbatana pélvica situa-se perto das barbatanas peitorais. No opérculo existem espinhos orientados para trás. Os olhos são grandes. A linha lateral é descontínua. À frente das brânquias existem órgãos respiratórios acessórios constituídos por placas dobradas cobertas por uma membrana mucosa vascular, denominados órgãos labirínticos, que se encontram numa cavidade supra-brânquica. Estes órgãos são utilizados para a respiração do ar. Assim, o Anabas pode permanecer fora de água durante longos períodos. Desloca-se em terra através das suas barbatanas e espinhos operculares. Este peixe é predador e alimenta-se de ostracodes, gastrópodes, peixes jovens, etc.

Encontra-se nos rios da Índia e do Sudeste Asiático.

CAPÍTULO 3

PEIXES ESTUARINOS

3. Introdução

Quando o rio se junta ao mar, cria-se um ambiente único com várias caraterísticas, tanto de água doce como de água marinha, conhecido como estuário. Um estuário é definido como uma massa de água costeira semi-fechada com ligação livre ao mar aberto e no interior da qual a água do mar é mensuravelmente diluída com água doce de drenagens terrestres. É considerado um ecossistema aquático altamente produtivo que alberga peixes e crustáceos comercialmente importantes. Vários estuários e lagos de água salobra encontram-se ao longo da costa da Índia e são ricos em fauna piscícola. Os estuários mais importantes da costa oriental são o estuário de Hoogly-Matlah, em Bengala Ocidental, o estuário de Mahanadi e Rushikulya, em Odisha, o estuário de Godavari, em Andhra Pradesh, e os estuários de Ennore, Vellore e Cauvery, em Tamilnadu. Os mais importantes ao longo da costa ocidental são o lago Asthamudi, o lago Vembanad, o estuário de Beypore, o estuário de Ponani e o estuário de Korapuzha em Kerala, o estuário de Netravati-Gurpur, o estuário de Mulki e o estuário de Gangol em Karnataka, o estuário de Mandovi-Zuari em Goa, o estuário de Amba e Mahim em Maharastra e o estuário de Purna em Gujurat. Além disso, dois grandes lagos de água salobra, como o lago Chilika de Odisha e o lago Pulicat de Andhra-Tamilnadu da costa oriental, são importantes do ponto de vista da pesca.

3.1. Grupos importantes de peixes de água salobra

Trata-se, na sua maioria, de peixes marinhos que toleram grandes variações de salinidade (eurihalinos). Grupos importantes entre eles são os clupeídeos, tainhas, peixes-gato, barbatanas de fio, poleiros e camarões. Podem ser de três categorias, como se segue.

1) Espécies marinhas que migram para montante e desovam em zonas de água doce, como Tenualosa ilisha, Polynemus paradiseus, Sillaginopsis panijus e Pama pama.
2) Espécies de água doce que vêm desovar em zonas salinas, como o Pangasius pangasius e o Macrobrachium rosenbergii.
3) Peixes marinhos que vêm para a zona salina do estuário para se reproduzirem, como Arius jella, Oseogeneiosus militaris, Polynemus indicus e P. tetradactylus.

Várias espécies de camarões que ocorrem no estuário são Penaeus monodon, P.indicus, Metapenaeus dobsonii, M.affinis, M.brevicornis, etc.

3.2. Clupeídeos:

Os clupeídeos importantes das águas salobras são Tenualosa ilisha, Nematolosa nasus, Setipinna sp., Elops saurus, Megalops cyprinoides, etc. Destes, o sável indiano Tenualosa ilisha (Hilsa) é de grande importância.

A hilsa é o peixe migrador indiano e é capturada em grande quantidade em Bengala. Também se regista uma ocorrência substancial em Odisha, nas regiões inferiores de todos os rios da costa oriental, em Narmada e Tapti, na costa ocidental, e no lago Chilika. As principais capturas são efectuadas após as monções nos estuários inundados do Ganges e do Mahanadi, mas também se pesca durante os meses de verão e de inverno. São utilizados vários métodos para capturar a Hilsa: redes de emalhar, redes de cerco, redes de deriva e redes de saco. A pesca em grande escala é efectuada na faixa estuarina de Hoogly e Mahanadi, onde o peixe migra em grandes cardumes. Uma grande parte das capturas é salgada ou seca ao sol para consumo no interior do país.

Figura 18 Tenualosa ilisha

3.3. Tainhas

As tainhas são as mais importantes de todas as espécies cultiváveis de água salobra. Encontram-se várias espécies nas águas estuarinas. Trata-se de Mugil cephalus, Liza. tade, L. parsia, Rhinomugil corsula, etc. O M. cephalus é o maior e o Rhinomugil corsula encontra-se nas águas doces e salobras dos rios Ganga e Mahanadi. Os juvenis de tainhas migram para as zonas de água salobra e são capturados para cultura ao longo dos riachos e poças de maré.

As tainhas são geralmente capturadas com redes de emalhar e redes de cerco e, em zonas pouco profundas, com redes de fundear. Os juvenis e os alevins de tainha são capturados com redes hapa, que são pedaços rectangulares de pano de rede mosquiteira. São também utilizadas pequenas redes de imersão triangulares ou circulares. Os alevins de L. parsia são os mais comuns e estão disponíveis durante todo o ano. Os alevins de M. cephalus e L. macrolepis estão disponíveis perto da foz do lago Chilika. Estes alevins são utilizados para a cultura em tanques de água salobra.

3.4. Peixes-gato

Nome genérico para descrever os peixes ósseos que têm barbelas e se assemelham aos bigodes de um gato (Família siluridae). São relativamente baratos e são consumidos pelas classes mais pobres. Os peixes-gato estuarinos mais importantes são Arius sps., Pangassius pangassius e Mystus sps. Em Bengala e Odisha, um número considerável de peixes-gato é capturado de novembro a março. As capturas excedentárias são salgadas ou secas ao sol, consoante o tamanho, e fornecidas às regiões do interior.

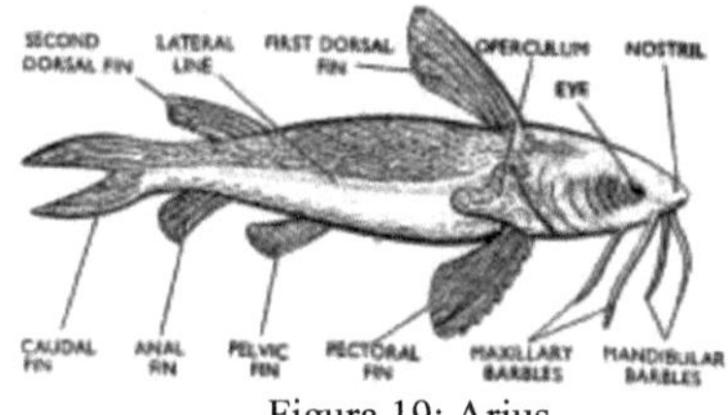

Figura 19: Arius

3.5. Poleiros

São típicos de uma grande família de peixes de raios espinhosos. Várias espécies são encontradas nas águas estuarinas, por exemplo, Lates calcarifer, Etroplus suratensis, E. maculatus, Epinephelus sps; Lutjanus sps. Ambassis sps., Therapon sps. Destes, o bhekti (Lates calcarifer) é de grande importância e obtém um bom preço no mercado. Os alevins de bhekti entram nos rios de Bengala

Ocidental com a maré e são capturados com redes hapa. A mancha de pérola (E. suratensis) encontra-se nos estuários, riachos, lagoas e remansos costeiros do Sul da Índia. O peixe reproduz-se em águas pouco profundas e confinadas e os juvenis são recolhidos durante todo o ano para serem colocados em tanques.

3.6. Barbatanas de rosca

A espécie mais importante é o salmão indiano, Eleutheronema tetradactylum, que se encontra amplamente distribuído ao longo da costa e é capturado juntamente com clupeídeos e tainhas. Outras espécies, como Polynemus indicus e P. paradiseus, encontram-se nos estuários de Bengala Ocidental. Os peixes deslocam-se para a faixa ribeirinha do estuário e são capturados com redes.

Figura 20: Polynemus indicus

3.7. Peixe de leite

O Chanos chanos é uma espécie importante das águas salobras. Os alevins são recolhidos em grande número ao longo dos estuários da costa oriental durante os meses de abril a junho, quando se deslocam em grandes cardumes para os riachos de maré pouco profundos.

3.8. Camarões e caranguejos

Os camarões constituem uma pesca valiosa nas águas estuarinas. As espécies importantes são Penaeus indicus, P. monodon, Metapeneus affinis, M. brevicornis, Palaemon e Macrobrachium sps. Os peneídeos são mais predominantes nos estuários e existe uma indústria muito lucrativa de camarões curados e secos ao longo de toda a costa do Malabar. As pós-larvas de Penaeus indicus estão disponíveis durante todo o ano no lago Chilika.

3.9. Pescas do lago Chilika

O lago Chilika é a maior lagoa costeira da Índia, com uma área de cerca de 1100 km2. Está situado no Estado de Odisha, do distrito de Puri a Ganjam. Por um lado, está ligado à Baía de Bengala através de um sistema de canais com uma foz lacustre e, por outro, recebe a drenagem de cursos de água como Herachandi, Bhargavi, Makra e Daya e de colinas (Ghats Orientais). Essencialmente água salobra, transforma-se periodicamente em água doce e vice-versa, consoante o fluxo das monções. As marés altas trazem água salgada para o rio através da boca do sistema de canais. Após as chuvas, os rios inundados enchem-no, empurrando a água do mar para fora. Assim, apresenta as caraterísticas de uma lagoa, sendo facilmente influenciada por actividades marinhas, fluviais e terrestres. É rica em biodiversidade e mantém alta produtividade. É também a morada de aves migratórias e residentes. As turbulências ciclónicas abrem novas bocas enquanto os depósitos de areia as fecham. Grandes quantidades de areia deslocam-se sob a influência das fortes monções do sudoeste, que produzem uma deriva para norte.

A profundidade do lago varia entre 50 cm e 3,7 m. A extensão de água e o nível de aridez apresentam variações sazonais. A área máxima é de 1165 km2 no período das monções, que se reduz para 790 km2 durante o verão. O nível da água é elevado durante o período de julho a setembro, diminuindo depois de outubro a março e atingindo o nível mais baixo durante o período de abril a junho, no verão. A parte norte do lago é mais produtiva, em termos de produções primárias e secundárias. A pesca do camarão é a mais importante, representando mais de 30% do rendimento total. Cerca de dois mil pescadores das aldeias vizinhas dependem deste lago para a sua subsistência. A tendência para o declínio da produção de peixe no final dos anos 90 chamou a atenção e foram tomadas medidas de conservação e gestão. Algumas estratégias importantes foram :

- Dragagem periódica do canal e alargamento do mesmo.
- Limitação da caça e da pesca nocturna
- Declaração da zona de Nalaban como santuário de aves.
- Inclusão do lago Chilika na lista de "zonas húmidas de importância internacional (Convenção de Ramsar da UICN).
- Criação da Autoridade de Desenvolvimento de Chilika em 1992.

3.10. Piscicultura em zonas de água salobra

Embora exista uma extensa linha costeira no país e uma área de cerca de 1,2 milhões de hectares disponível para a agricultura em águas salobras, muito pouco dessa área é utilizada para a produção de peixe. Em Bengala, os peixes são cultivados em zonas de água salobra e em zonas húmidas estuarinas, conhecidas como pesca Bhery ou bhasabada. Os leitos dos rios e riachos nas zonas estuarinas ficam assoreados devido à ação das marés e, a seu tempo, essas zonas são recuperadas para fins agrícolas através da construção de Bundhs ou diques para manter afastadas as águas das cheias e das marés. Algumas partes dessas áreas recuperadas são demasiado baixas para o cultivo de arroz e são normalmente utilizadas para a piscicultura. Muitas das zonas recuperadas são dotadas de um dique exterior adicional e as terras baixas situadas entre elas são utilizadas para a piscicultura. A água é deixada entrar durante a maré alta através de comportas improvisadas e traz várias espécies de peixes e sementes de peixe. No canal que se encontra dentro da comporta, são fixadas telas de bambu, com a forma de um V ou W invertido, de tal modo que permitem a entrada de peixes durante a maré alta, mas não permitem a fuga de peixes quando a maré recua.

A cultura de peixe nos viveiros começa em dezembro e janeiro, quando os tanques são povoados com juvenis. Após o povoamento, os pescadores não prestam atenção aos viveiros. A pesca é geralmente efectuada no inverno, quando os peixes atingem um tamanho comercializável. As principais espécies obtidas nos viveiros são Lates calcarifer, Mugil cephalus, Liza tade, L. parsia, Mystus gulio, Rhinomugil corsula, Anguilla bengalensis, camarões como Penaeus monodon, Fenneropenaeus indicus, Metapenaeus brevicornis M. monoceros, caranguejos, etc. Os viveiros necessitam apenas da construção de um aterro adequado e de comportas.

3.11. Cultura nos arrozais

Os arrozais de baixa altitude que ladeiam a lagoa de água salobra do centro de Kerala (em torno do lago Vembanad) são utilizados para a captura de camarões. O arroz resistente ao sal, chamado pokkali, é cultivado aqui entre julho e setembro. Após a colheita, os feixes são reforçados e são colocadas comportas para regular o caudal das águas residuais. Os cepos de arroz apodrecem e contribuem com nutrientes para a massa de água. A partir de outubro, durante a maré alta, é permitida a entrada de água, que traz um grande número de camarões peneídeos jovens, gambas e alevins. Durante a maré baixa, são colocados ecrãs no interior das comportas para impedir a fuga dos camarões e dos peixes. O repovoamento continua durante um ou dois meses e não é efectuada qualquer adubação especial. A pesca começa no final de dezembro, durante a maré baixa, com a ajuda de redes de saco, redes de colher e redes de arrasto. As espécies capturadas nesta operação são camarões como Metapenaeus dobsonii, M. monoceros, M.affinis, Fenneropenaeus indicus, Penaeus mnodon, Acetes spp., camarões como Macrobrachium rude, M.rosenbergii e peixes como Mugil spp., Etroplus suratensis, E. mmaculatus, Chanos chanos, enguias, etc.

CAPÍTULO 4

PEIXES MARINHOS

4. Introdução

Devido ao enorme crescimento da população mundial nos últimos 50 anos, há uma procura cada vez maior de alimentos. Mesmo que seja possível produzir cereais em quantidade suficiente através da utilização de técnicas agrícolas melhoradas, não será possível dispor de uma dieta nutritiva e equilibrada e o problema do "défice de proteínas" será mais grave na Índia e noutros países em desenvolvimento. O peixe e outras formas de alimentos marinhos são capazes de satisfazer as necessidades proteicas do homem. Os recursos pesqueiros marinhos são auto-renováveis e podem ser colhidos ano após ano sem se esgotarem.

Na Índia, a produção agrícola de alimentos aumentou consideravelmente nos últimos anos, mas a disponibilidade de alimentos per capita continua a ser baixa e os cereais não contêm proteínas, gorduras e calorias suficientes. Por conseguinte, temos de explorar os nossos recursos marinhos, que são bastante extensos. O mar contém milhares de milhões de fitoplâncton que captam a energia solar através da fotossíntese e conduzem à produção de zooplâncton. O fito e o zooplâncton constituem o alimento dos peixes, dos crustáceos e de outros animais, que podem ser utilizados pelo homem.

Como muitas indústrias estão associadas à pesca marítima, como a construção de barcos, o fabrico de redes, a transformação do peixe, a manutenção dos barcos, a comercialização, etc., um grande número de pessoas encontra emprego neste sector. A pesca é um recurso auto-renovável, ao contrário da agricultura, e pode ser explorada ano após ano, desde que o limite máximo não seja ultrapassado. O oceano Índico é o menos explorado de todos os oceanos.

4.1. Recursos pesqueiros marinhos da Índia

A Índia peninsular divide o Oceano Índico em duas partes: A Baía de Bengala, a leste, e o Mar Arábico, a oeste. A Índia, com Andaman e as ilhas Lakshdweep, tem uma vasta costa de cerca de 8000 km, mas a produção de peixe não é significativa. O país dispõe de uma área de exploração de 2 milhões de quilómetros quadrados. Km de área para exploração, depois de declarada a zona económica que se estende até às 200 milhas náuticas. Durante os últimos 20 anos, a produção marinha da Índia aumentou em 100% e é o maior país produtor de peixe entre os que fazem fronteira com o Oceano Índico. A costa ocidental é intensamente pescada, produzindo mais de 70% do total das capturas marinhas, enquanto a costa oriental é escassamente pescada. Cerca de 70% do total das capturas marinhas provêm de métodos de produção indígenas e o restante de embarcações mecanizadas. Os recursos haliêuticos marinhos foram divididos em três categorias:

(1) Pesca costeira ou pesca costeira, (ii) pesca ao largo e (iii) recursos haliêuticos de profundidade.

Os recursos em termos de profundidade indicam cerca de 58% de recursos em 0-50m de profundidade (inshore), 35% em 50-200m de profundidade (offshore) e 7% para além de 200m de profundidade (deep sea) de água do mar ao longo da costa indiana. As águas costeiras podem ser pescadas por pequenas embarcações que não podem permanecer no mar durante muito tempo e operam de manhã à noite. As embarcações maiores com instalações de refrigeração operam em águas profundas e ao largo. Os pescadores japoneses pescam em todo o mundo utilizando embarcações de pesca gigantescas e chamam-lhe 'pesca de alto mar'. Embora os recursos costeiros da costa ocidental tenham sido objeto de uma pesca intensiva, a zona de alto mar e de águas profundas está relativamente inexplorada. Os recursos da costa oriental, especialmente a norte de Madras, não têm sido objeto de pesca intensiva e, através da adoção de métodos modernos e mecanizados de pesca em alto mar, é possível produzir muito mais peixe.

4.2. Pesca ao largo e de profundidade

Estas pescarias especializadas foram iniciadas em 1946 e desenvolvidas com esforços conjuntos, nos anos seguintes, de vários países especialistas como a Noruega, o Japão e os EUA. As explorações revelaram as seguintes zonas importantes (a) na costa ocidental: ao largo de Bombaim, Veraval, Porbunder e Dwarka, e ao largo de Karwar, Mangalore, Cannanore e Cochin; (b) na costa oriental: Sand Head, Tiger Point, Black Pagoda (Konark), False Bay Point, ao largo das fozes dos rios Devi, Prachi e Baitarani; ao largo de Puri, do lago Chilika e de Gopalpur, ao largo do cabo Comorin (Wedge Bank) e da foz do estreito de Palk (Pedro Bank), ao largo de Tuticorin, Mandapam e Pondichery. As zonas, ao contrário das águas costeiras, situam-se em alto mar, incluindo águas de superfície, médias e de fundo. As capturas são geralmente efectuadas a uma profundidade de 36 a 72 m. A região de Dwarka é considerada uma das mais ricas, uma vez que permite obter taxas de captura mais elevadas por unidade de esforço e maiores desembarques.

A pesca ao largo inclui operações com redes de emalhar em águas superficiais e intermédias, operações com navios-mãe e pesca de arrasto em águas de fundo. O sucesso das operações depende da extensão e da eficiência da mecanização das embarcações e das artes utilizadas, da capacidade de potência do navio de pesca e da disponibilidade de equipamentos como sonares, ecossondas e ecoscópios, e de instalações como armazéns frigoríficos, etc. A pesca de arrasto revelou-se o método de pesca mais eficaz. O arrasto japonês é mais produtivo do que o arrasto com portas.

O Governo da Índia abriu uma estação de pesca ao largo e de alto mar em Bombaim em 1946, em Calcutá em 1950, em Cochim em 1957, em Tuticorin em 1958 e em Vishakhapatnam em 1959. As principais operações de pesca exploratória foram iniciadas pelo Governo da Índia, pela New India Fisheries Ltd. (Bombaim) e por projectos conjuntos indo-japoneses e indo-noruegueses. As operações pioneiras incluem a pesca de arrasto japonesa durante 1949-1955 na região que vai de Kutch a Ratnagiri e as operações norueguesas durante 1956-1966 na região que vai de Karwar a Cochin e ao largo de Mandapam.

4.3. Espécies de peixes comercialmente importantes

Os peixes pelágicos importantes que se encontram ao longo da costa indiana são a sardinha, a hilsa, o peixe-sete, os iscos brancos, a cavala, o atum, o peixe-fita, o carapau, o pomfre, o pato de Bombaim, a cobia, a tainha, o peixe-voador, etc. Os peixes demersais comercialmente importantes são os tubarões, as raias, os peixes-gato, os peixes-lagarto, as garoupas, os pargos, os sargos, os poleiros, os sciaenídeos, os peixes-cabra, os peixes-brancos, os barbos-prateados, as solhas, etc.

Antigamente, as embarcações e as artes de pesca indígenas utilizadas não eram mecanizadas e, por conseguinte, embora bem adaptadas à pesca de alto mar, não eram consideradas encorajadoras para a pesca comercial. O maior sucesso alcançado nos últimos anos na pesca de alto mar e ao largo da costa resultou da mecanização das embarcações indígenas, ou seja, da instalação de motores para propulsão e da utilização de dispositivos mecânicos para operar as artes, e da introdução de novos tipos de embarcações e artes mecanizadas com todos os acessórios e instalações modernos. Este facto não só aumentou várias vezes o volume das capturas, como também permitiu a pesca em águas longínquas e inacessíveis ao largo ou em águas profundas. Os seguintes barcos indígenas foram inicialmente mecanizados: "dhow" (tipo vela) de Kutch, "Machwa" e "lodhia" de Saurashtra, "satpati" e "Versowa" de Bombaim, "Tuticorin-type" e "pablo" de Madras, "nava" de Andhra, e "batchari" "chot" e "Diamond Harbour boat" de Bengala Ocidental.

4.4. A Zona Económica Exclusiva (ZEE) da Índia

A ZEE indiana entrou em vigor com a 41ª alteração ao artigo 298º. A zona económica exclusiva indiana que rodeia a península e as ilhas tem uma área de 2,02 milhões de km2. No entanto, apenas as águas costeiras (até 50 m de profundidade) são atualmente exploradas, enquanto as águas ao largo (para além dos 50 m de profundidade) são pouco exploradas. O mar profundo é explorado de forma negligenciável por falta de infra-estruturas. A pesca de profundidade tem um grande potencial, pelo que constitui uma questão de preocupação e atenção imediatas.

A composição em espécies dos recursos potenciais da ZEE inclui o atum, as anchovas, as percas, o peixe fita, o peixe lagarto, o peixe gato, o tubarão, as lulas e os chocos, os bivalves, os camarões, os camarões, as lagostas e os caranguejos. Destes, os camarões são os mais explorados, ao ponto de serem objeto de sobrepesca, enquanto o atum, as lulas, os chocos e as lagostas oferecem mais possibilidades de exploração. A fim de controlar as actividades de pesca ilegal na ZEE indiana, uma patrulha bem equipada deve efetuar trabalhos de vigilância, busca e salvamento ao longo da zona costeira.

Os recursos da ZEE devem ser explorados de forma sustentável através de estratégias de planeamento adequadas, em especial no que se refere a dois aspectos, a saber, as instalações de colheita e o desenvolvimento do mercado (interno e de exportação). O Governo da Índia introduziu vários programas de tempos a tempos, em 1968, 1971, 1973 e 1981. Em 1991, foi adoptada uma política de pesca em alto mar. Até 1983, foram tentadas joint ventures com países estrangeiros. O interesse da Índia na formação de uma Comissão do Atum do Oceano Índico é digno de nota.

4.5. Pesca costeira

A pesca costeira na Índia é constituída por tainhas, bhekti, sardinha, hilsa, polinemídeos, cavalas, peixe-sete, peixe-fita, carapau, pomfrets, pato de Bombaim, cobia, tainhas, juntamente com várias espécies de caranguejos, camarões, moluscos, etc.

4.6. Pesca da sardinha

A sardinha oleaginosa indiana, Sardinella longiceps, é uma espécie muito importante que constitui a parte de leão do total de peixes marinhos capturados na Índia. Pertence à família Clupeidae (ordem Clupeiformes). Os clupeoides são representados principalmente pelas sardinhas (Sardinella), anchovas (Thrissocles), sardinha arco-íris (Dussumieria), sardinha branca (Kowala), etc. As sardinhas, representadas por nove espécies, constituem uma pescaria importante ao longo da costa ocidental e sudeste da Índia. Espécies como a Sardinella longiceps, S. fimbriata. S. gibbosa e S. albula deslocam-se em grandes cardumes.

A sardinha oleaginosa (S. longiceps) é um peixe comercial muito valioso devido ao seu valor alimentar e às suas utilizações industriais. O peixe está geralmente limitado à costa ocidental da Índia, mas também pode ser encontrado ao longo da costa oriental, nomeadamente em Andhra Pradesh.

Estes peixes alimentam-se predominantemente de fitoplâncton e a sua comida é composta principalmente por diatomáceas como a Fragillaria. Além disso, foram também encontrados no conteúdo intestinal alguns copépodes, dinoflagelados, larvas de camarões, ovos de peixe e algas verdes azuis com detritos. Os estudos mostram que os juvenis de sardinha-verdadeira se alimentam principalmente de crustáceos planctónicos, enquanto os adultos se alimentam sobretudo de fitoplâncton, porque os adultos têm brânquias mais desenvolvidas.

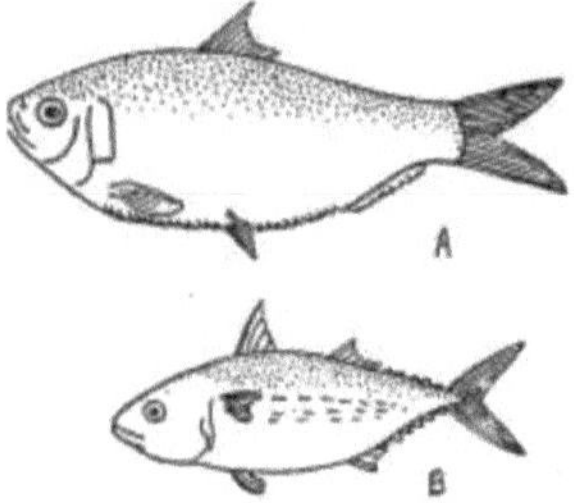

Figura 21: (A) Sardinella longiceps (B)Rastrelliger kanagurta

As sardinhas oleaginosas atingem a maturidade com um ano de idade, com cerca de 150-160 mm de comprimento. A época de desova estende-se de junho a outubro, com atividade máxima durante junho-julho, enquanto, segundo Nair (1959), o período de atividade intensa é agosto-setembro. Parece que pode haver uma ligeira mudança na desova, dependendo do início ou do fim da monção. Acredita-se que o peixe desova apenas uma vez na vida e é um reprodutor prolífico, produzindo 38.000 a 80.000 óvulos, dependendo do tamanho, idade e condição do peixe. O crescimento é muito rápido até um ano e o peixe atinge 150-160 mm, no final de um ano. A duração média de vida é de cerca de 2 anos.

As sardinhas-pintadas deslocam-se em cardumes, que consistem num grande número de peixes da mesma espécie, semelhantes em tamanho e idade, e que se deslocam quase à mesma velocidade. Os cardumes de sardinhas-pintadas têm 2-25 m de comprimento e 1-20 m de largura. A sua forma é aproximadamente pontiaguda à frente e romba atrás, e deslocam-se a uma velocidade média de 5 km/h. A pesca começa logo após as monções e prolonga-se até março, com o máximo de capturas entre setembro e dezembro. No passado, a pesca da sardinha oleaginosa registou flutuações consideráveis.

As flutuações da pesca foram atribuídas a várias causas, principalmente à captura indiscriminada de reprodutores durante a época de reprodução. A temperatura da superfície, a escassez de alimentos e a sobrepesca são os principais factores que afectam as capturas totais. Em Kerala, as redes utilizadas para capturar a sardinha são a rede envolvente-arrastante de alar para bordo, a rede de emalhar e a rede de fundear. No Karnataka, são utilizadas redes de cerco em terra. A mais comum é a rede rampani. Atualmente, também são utilizadas redes de cerco com retenida, em que os pescadores perseguem os cardumes e os cercam com redes de cerco com retenida.

A sardinha oleaginosa é considerada um peixe muito valioso para a alimentação, mas estraga-se rapidamente. Com a disponibilidade de gelo e de transporte rápido, uma boa parte da captura é utilizada em estado fresco, mas uma grande parte é curada com sal e também seca ao sol. O teor de óleo do corpo deste peixe é muito elevado e é extraído para utilização na indústria da juta, do couro e do sabão, e como base para insecticidas. O óleo bruto é utilizado como conservante para barcos. O resíduo deixado após a extração do óleo forma o guano e contém uma elevada percentagem de azoto e fosfato, sendo utilizado como estrume nas plantações de chá, café, cana-de-açúcar e tabaco. A farinha de peixe sardinha é também utilizada pelos proprietários de gado.

4.7. As Sardinhas Menores:

Doze espécies de peixes, pertencentes às famílias Clupeidae e Dussmieridae, são vulgarmente designadas por sardinhas-pequenas e incluem algumas espécies de Sardinella (S. fimbriata, S. albula, S. dayi), Kowala, Dussumieria acuta, etc. Estas espécies têm também uma importância considerável e são pescadas ao longo das costas oeste e leste. Alimentam-se principalmente de zooplâncton e atingem a maturidade sexual ao fim de um ano. Não atingem grandes dimensões e têm geralmente 12-14 cm de comprimento. Deslocam-se em cardumes e são capturados em grande número com sienes e redes de saco, constituindo 8 a 9% do total das capturas marinhas. A maior parte das capturas provém de Kerala, Tamil Nadu e Andhra Pradesh. O peixe é consumido fresco ou rapidamente seco ao sol e transportado para o mercado, sendo o peixe mais barato disponível para as pessoas pobres.

4.8. A pesca da cavala:

A cavala indiana, Rastrelliger kanagurta, é um importante peixe comercial da costa ocidental da Índia. Pertence à família Scombridae (ordem: Perciformes). Os desembarques comerciais são constituídos principalmente por uma única espécie, R. kanagurta, e por outra espécie, R. brachysoma, que se encontra nas águas de Andaman, mas que constitui apenas uma pequena parte das capturas. Uma pequena parte das capturas provém de Mandapam, Madras, Vishakhapatnam, etc., na costa oriental.

A época de pesca estende-se de outubro a fevereiro, após o que os cardumes se separam e desaparecem por um curto período. A pesca é efectuada até uma profundidade de 25 m e consiste principalmente em juvenis de 160 a 180 mm. Os peixes deslocam-se em cardumes da costa para as águas interiores, possivelmente para se alimentarem de plâncton. As cavalas também entram na foz dos rios, nos estuários e nos remansos. O atraso da monção provoca um atraso na época de pesca. A pesca é efectuada com redes envolventes-arrastantes de barco, redes de arrasto, redes de emalhar, redes de deriva e redes de fundear. De entre estas, a rede Rampani é a mais eficaz na captura de grandes cardumes de peixes.

A produção máxima provém do Karnataka, seguido do Kerala. Apenas uma pequena parte das capturas é consumida em fresco. A maior parte é curada por salga ou pelo método de secagem ao sol.

A cavala é um animal de superfície que se alimenta de fito e zooplâncton que são filtrados pelas brânquias bem desenvolvidas. Foram observados dois períodos de intensidade de alimentação: outubro - dezembro e março - abril. Nos adultos, a intensidade da alimentação foi elevada durante as fases de maturação, baixa nos indivíduos maduros e em fase de desova e novamente elevada nos indivíduos gastos e em recuperação.

Os estudos efectuados sobre a idade e o crescimento da cavala, com base em dados de frequência de comprimento, mostram que a cavala atinge um comprimento médio de 10 cm no final do primeiro ano, 18 cm no final do segundo ano e 20 cm ou mais com mais de dois anos de idade. De acordo com Shekharan (1958), o peixe atinge um comprimento de 12-15 cm no final do primeiro ano e de 21-23 cm no final dos dois anos. Contudo, George e Banerji (1964) relataram que este peixe atinge 9,5 cm no fim de dois meses e cresce até 21,5 cm no fim de 12 meses, após o que a taxa de crescimento abranda consideravelmente.

O peixe atinge a maturidade com cerca de dois anos de idade e 19-22 cm de comprimento. Mas a cavala das ilhas Andaman atinge a maturidade no terceiro ano de vida, com um comprimento de 25-26 cm. Estudos baseados no exame das gónadas e no diâmetro dos óvulos sugerem que a sarda desova durante todo o ano, com diferenças regionais no que se refere ao período de início, à duração e ao fim da desova. Ao longo da costa ocidental, a desova começa em março e termina em setembro ou outubro, sendo o período de desova intensiva de junho a agosto. Na costa oriental e na ilha de Andaman, a desova começa em outubro-novembro e termina em abril-maio. Foi sugerido que os óvulos são libertados em três lotes numa única época de desova, e a fecundidade é de 94 000 a 110 000 ovos.

4.9. Pato de Bombaim

A pesca do pato de Bombaim na Índia está mais ou menos limitada à costa de Gujarat e Maharashtra e é constituída exclusivamente por uma espécie, o Harpodon nehereus. Cerca de 95% das capturas provêm destes dois Estados, sendo as restantes provenientes de Andhra Pradesh, Odisha e Bengala Ocidental. O corpo do peixe é alongado, macio e de aspeto gelatinoso, de cor castanha ou branca acinzentada. A cabeça é grande, com uma boca larga e um maxilar inferior proeminente com dentes recurvados. A barbatana caudal é trilobada e os túbulos da linha lateral são fosforescentes.

Figura 22: (A) Harpodon nehereus (pato de Bombaim)

O pato de Bombaim apresenta uma distribuição descontínua ao longo da costa ocidental da Índia. Pensa-se que esta particularidade se deve aos movimentos do seu alimento favorito, à variação da salinidade e à temperatura da água do mar à superfície. Estudos efectuados mostraram que o camarão e outros organismos que constituem o alimento do pato-bombaio se encontram em abundância ao longo da costa de Kerala

A espécie parece ser relativamente eurihalina e pode adaptar-se a grandes variações de salinidade. Da mesma forma, esta espécie parece ser relativamente eurihalina e pode adaptar-se a grandes variações de salinidade. A temperatura mais baixa da superfície da água (27^0 C) nas áreas de distribuição é considerada um fator muito significativo que afecta a distribuição deste peixe.

O pato-bombardo é um peixe voraz e carnívoro, que se alimenta principalmente de peixes e crustáceos. A grande abertura da boca permite-lhe engolir presas de grandes dimensões. Os dentes recortados nas mandíbulas impedem a fuga da presa. A alimentação dos juvenis consiste inteiramente em camarões, mas à medida que o crescimento progride, come-se cada vez mais peixe. O peixe torna-se adulto com um comprimento de cerca de 200 mm. A fecundidade varia de 14.600 a 1.46.000 óvulos. As observações mostram que as fêmeas maiores, que amadurecem uma segunda vez, produzem um maior número de óvulos. A época de desova estende-se praticamente ao longo de todo o ano e o peixe é um reprodutor contínuo, com dois períodos de pico: abril - julho e novembro - dezembro. No entanto, pensa-se que cada peixe só desova uma vez por ano.

O período de pesca do pato de Bombaim decorre entre setembro e janeiro. As redes utilizadas são: i) a rede de saco ou "dol" na costa ocidental, ii) a rede de emalhar em Gujarat, iii) a rede de saco fixa denominada "behundi jal" em Bengala e iv) as redes de cerco de barco. O pato de Bombaim é um peixe altamente perecível devido ao seu elevado teor de água. Por conseguinte, 80% das capturas são secas ao sol e apenas uma pequena parte é utilizada fresca. A secagem é efectuada numa série de andaimes de bambu elevados, em que dois peixes são fechados com as mandíbulas inferiores e pendurados um de cada lado da corda. Depois de secos, os peixes são atados em feixes e comercializados. Uma pequena parte da captura é utilizada para a preparação de estrume.

4.10. Peixes-gato

Os peixes-gato marinhos de importância comercial pertencem a duas famílias, Plotossidae e 'Tachysuridae (Ariidae), subordem Siluroidea. As espécies mais importantes são Plotossus canius, P. angularis, Tachysurus sona, T. maculatus, T.dussumieri e T. jello. Os peixes-gato são predadores e carnívoros, alimentando-se principalmente de peixes e crustáceos. A intensidade da alimentação é elevada durante o período pré e pós-desova. Foi observada uma correlação entre o conteúdo estomacal e a abundância de alguns organismos no habitat. Os peixes-gato desovam geralmente uma vez por ano e têm uma longa época de desova, que varia de espécie para espécie. O T. sona desova de outubro a janeiro, o T. maculatus de janeiro a abril e o T. thallasinus de abril a agosto. Muitas espécies apresentam cuidados parentais, e o macho incuba os ovos na sua boca. Assim, a fecundidade é baixa, de 20 a 80 ovos. A pesca é geralmente efectuada com redes de arrasto, redes de cerco com retenida, redes de cerco de barco e anzol e linha. O peixe-gato é consumido principalmente fresco ou salgado e seco. O produto curado é exportado para o Sri Lanka e outros países. Durante a cura, a bexiga de ar é retirada, seca e exportada para ser utilizada como vidro de peixe.

Figura 23: Pampus argenteus (um peixe marinho)

4.11. Enguias

As enguias são peixes serpenteantes pertencentes à ordem dos Anguilliformes. Três espécies de enguias, Muraenesox talabonoides, M. cinereus e Anguilla bengalensis, têm importância comercial. Duas espécies, Anguilla anguilla e A. rostrata, são peixes migradores bem conhecidos. As enguias são carnívoras, alimentando-se principalmente de peixes. Alimentam-se no fundo e a sua comida consiste em cerca de 90% de peixes e o resto de camarões e crustáceos.

A M. talabonoides atinge a primeira maturidade com 120-125 cm de comprimento e reproduz-se duas vezes por ano: abril - maio e setembro - outubro. A fecundidade varia de 306.500 a 9.22.000, consoante o comprimento. O ovo desenvolve-se em larva leptocéfala, que se metamorfoseia em meixão. A presença de ovos de enguia e de leptocéfalos no plâncton das águas costeiras indianas mostra que a maior parte das enguias indianas não efectua migrações como acontece com as enguias americanas e europeias.

As enguias representam apenas uma pequena percentagem do total das capturas marinhas. A pesca é efectuada com palangres, redes de arrasto e redes de bonecas. Constituem um dos peixes alimentares mais importantes, com um elevado teor de proteínas. São vendidas no mercado em estado fresco, cortadas em pedaços.

4.12. Peixes de fita

Estes peixes são finos, semelhantes a fitas, de cor prateada, com dentes caninos proeminentes, e são também designados por "caudas de cabelo". Quatro espécies de peixes-fita são comummente encontradas ao longo das costas ocidental e oriental da Índia. Trata-se de Trichiurus haumela, (T. lepturus), T. savala, T. intermedius e T.muticus, pertencentes à família Trichiuridae. Destes, o T. lepturus é o mais comum de todos.

Os peixes-fita são predadores, carnívoros e por vezes canibais. Comem vorazmente e o seu alimento preferido é o peixe. Os juvenis alimentam-se de copépodes, outros crustáceos, larvas de camarões, larvas de peixes, etc., e têm hábitos pelágicos. Os adultos alimentam-se geralmente de pequenos peixes e camarões de importância comercial. Ao contrário de outros peixes, a intensidade da alimentação não parece estar relacionada com a desova e é elevada durante abril-maio no T. intermedius. Os peixes-fita desovam duas vezes por ano, com duas colheitas distintas de óvulos - os imaturos e os maduros - claramente separadas uma da outra. O T. lepturus desova em maio-junho e em novembro. O tamanho mínimo na primeira desova

A maturidade é de 30 cm em T. intermedius e 43-48 noutras espécies. Pensa-se que estes peixes migram para águas mais profundas para desovar. A fecundidade não foi determinada com certeza, mas T. lepturus pode produzir 4.000 a 16.000 óvulos e T. savala 9.000 a 17.000 óvulos, dependendo do comprimento do peixe.

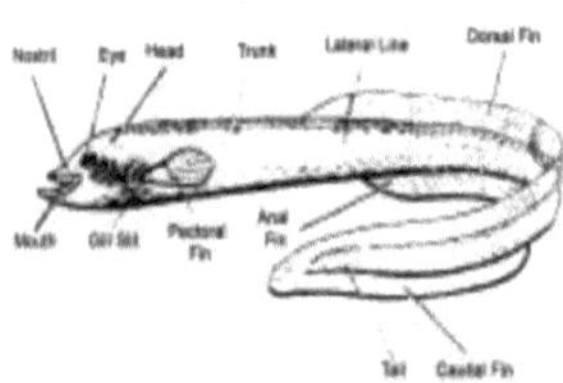

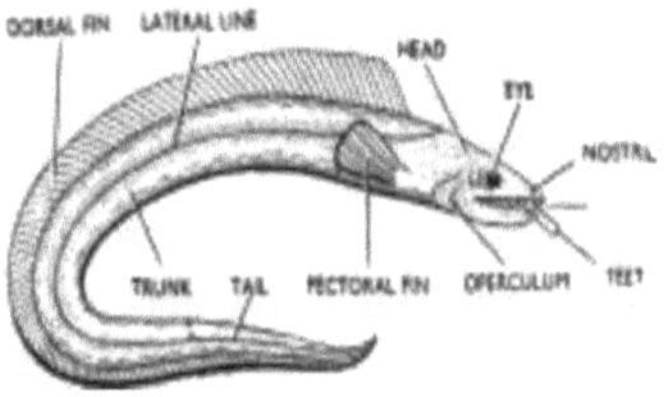

Figura 24: Anguilla bengalensis

Figura 25: Trichiurus savala

A pesca do peixe-fita estende-se por toda a costa da Índia. Kerala lidera a lista dos Estados, seguido de Tamil Nadu, em termos de desembarques anuais. A época de pesca estende-se de julho a abril. Estes peixes são peixes de cardume, e grandes cardumes aparecem perto da costa em diferentes locais. A pesca é efectuada com redes de saco, redes envolventes-arrastantes de barco, redes envolventes-arrastantes de terra e redes de emalhar. Os peixes de grandes dimensões são geralmente vendidos frescos no mercado e os restantes são curados ao sal ou secos ao sol.

4.13. Pomfrets

Os pomfrets são peixes de excelente sabor e são considerados peixes de alta qualidade para os consumidores de Bombaim. Pertencem à família Stromateidae e são representados por três espécies: Pampus argenteus (pomfret prateado), P. chinensis (pomfret branco ou chinês) e Parastromateus niger (pomfret preto ou castanho). O corpo é comprimido lateralmente, ovalado, curto e coberto de pequenas escamas. A boca é pequena. A barbatana dorsal é única e grande e a ventral está ausente.

O peixe jovem alimenta-se de plâncton e o adulto alimenta-se principalmente de pequenos e grandes crustáceos, pequenos peixes, poliquetas, larvas, etc. A época de desova do P. argenteus é diferente nas várias regiões da costa. O peixe desova entre outubro e dezembro ao longo da costa de Maharashtra; entre fevereiro e agosto ao longo da costa de Gujarat e em janeiro-fevereiro ao longo da costa nordeste. O pomfret preto desova entre julho e outubro.

Os pomfrets constituem uma pescaria importante, com Gujarat e Maharashtra a contribuírem com o máximo de capturas. Apesar de um rendimento moderado, os pomfrets têm um preço elevado devido à sua excelente qualidade e à preferência dos consumidores. A pesca é efectuada com todo o tipo de redes de cerco, utilizando embarcações mecanizadas e não mecanizadas. São geralmente vendidos frescos no mercado, mas durante o período de pico, uma pequena parte da captura é congelada e libertada na época baixa. Os pomfrets são muito pouco exportados. Aparentemente, os recursos estão subexplorados e o rendimento pode ser aumentado através da identificação de zonas não exploradas.

4.14. Polinemídeos

São popularmente chamadas barbatanas de fio e estão representadas por nove espécies, das quais Eleutheronema tetradactylum, Polynemus indicus e P. heptadactylus, P. microstoma e P. paradiseus são comercialmente mais importantes. Estes peixes são muito apreciados e deliciosos, tal como os pomfrets, e são muito procurados. Os polinemídeos são carnívoros, predadores e por vezes canibais. Quando jovens, alimentam-se de plâncton como copépodes, náuplios e arnfípodes. À medida que crescem, passam a alimentar-se de organismos maiores como camarões, poliquetas, decápodes e larvas de peixes.

A desova ocorre durante quase todo o ano, com dois picos: abril-junho e outubro-dezembro para P. indicus. Mas P. paradiseus tem um longo período de reprodução, com apenas um pico, de março a junho. As redes de emalhar de malhagem variável são "geralmente utilizadas para a captura de polinemídeos. A maior parte das capturas é vendida no estado fresco e o resto é seco ao sol.

4.15. Peixes linguados

Os peixes chatos ou peixes linguados têm um corpo comprimido dorso-ventralmente, com uma assimetria de grau variável, tendo ambos os olhos no lado esquerdo ou direito da cabeça. O lado com olhos é colorido, enquanto o lado cego é branco pálido. São peixes de fundo e ocorrem ao longo de toda a costa indiana. São representados por Psettodes, Pseudorhombus, Solea, Paraplagusia e Cynoglossus. Destes, Cynoglossus macrostomus (C. semifasciatus) constitui uma pescaria importante em Kerala. O período de desova desta espécie estende-se de outubro a maio e desova uma vez por ano.

A pesca começa no final da monção e prolonga-se até outubro-novembro. São utilizadas redes de arrasto, redes envolventes-arrastantes de barco e redes de arrasto para capturar o peixe. A maior parte das capturas é seca ao sol ou salgada. Durante o período de seca, uma parte das capturas é convertida em estrume.

 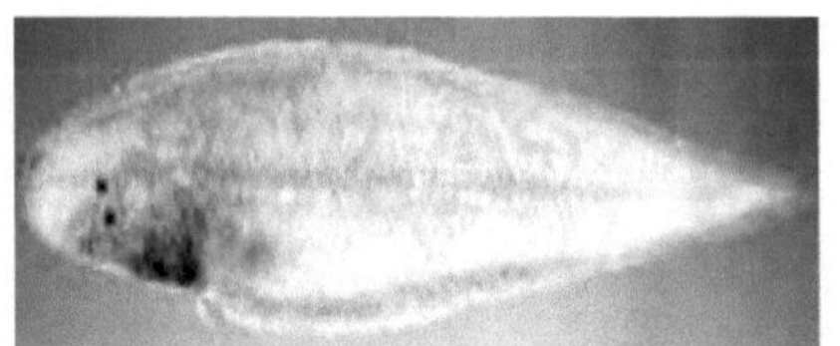

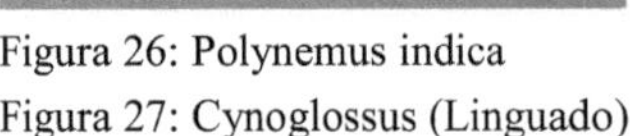

Figura 26: Polynemus indica
Figura 27: Cynoglossus (Linguado)

4.16. Tubarão e raia

Os tubarões são um grande grupo de peixes cartilagíneos. Os tubarões, as raias e as patas constituem uma pescaria de importância considerável durante todo o ano ao longo da costa oriental e ocidental da Índia. Os centros de desembarque de capturas comerciais em grande escala são: i) Contai, Visakhapatnam, Masulipatnam, Kakinada, Nagapattinam, Point Calimere, Adirapatnam e Tuticorin, na costa oriental; e ii) Trivandrum, Calicut, Tellicherry e Mangalore,

Karwar, Bombaim, Veraval e Kodinar na costa ocidental. A pesca ativa é exercida nas seguintes zonas: na costa oriental, ao longo de toda a costa de Tamil Nadu e Bengala Ocidental, e na costa ocidental em Kathiwar, Bombaim, Kanara, Malabar e Travancore.

Os peixes comercialmente importantes (figura 28) incluem: (i) tubarões: Scoliodon, carcharinus, Sphyrna e Galeocerdo; (ii) raias e patins: géneros importantes são Trygon, Hypolophus, Aetobatis, Pteroplatea, Myliobatis, Rhinoptera, Pristis, Rhinobatus.

A principal época de pesca decorre de julho a março na costa ocidental e de maio a janeiro na costa oriental. Os desembarques máximos registam-se na costa de Tamil Nadu. Os tubarões são capturados em águas de 45 a 54 m de profundidade, mas as raias são capturadas em águas pouco profundas, com apenas 5 a 7 m de profundidade. A maior parte destes peixes desova em águas pouco profundas. Os tubarões têm tamanhos variados: pequeno, médio e longo. Alguns tubarões atingem um comprimento de até 1200 cm. São utilizados diferentes tipos de artes de pesca. As artes mais utilizadas são as redes de deriva, as redes de emalhar, as redes de parede, as redes de cerco e as linhas longas com anzóis. Para peixes de grandes dimensões, são utilizados anzóis de corrente giratória. As embarcações utilizadas nas operações de pesca incluem barcos nas costas de Tamil Nadu e Bombaim, canoas escavadas nas costas de Malabar e Travancore e catamarãs nas costas de Coromondel.

Os tubarões não são muito consumidos como alimento. Apenas uma pequena porção é utilizada como alimento nas costas de Tamil Nadu e Bombaim, uma vez que não é muito procurada. O principal objetivo da pesca é a exploração do fígado de tubarão. A maior parte das capturas é utilizada no fabrico de óleo de fígado, farinha de peixe e guano. A pele também é utilizada na indústria do couro e no fabrico de "shagreen" (um abrasivo). As barbatanas dos tubarões são exportadas de Bombaim, Nagapattinam e Madras para a China, onde as pessoas gostam de sopa de barbatanas. Por vezes, os tubarões são também curados e secos ao sol; o produto curado é exportado para o Ceilão. As principais espécies cujo fígado é procurado para o fabrico de óleo de fígado de tubarão incluem Galeocerdo tigrinus, Carcharinus melanopterus, Sphyrna blochii e Pristis cuspidatus.

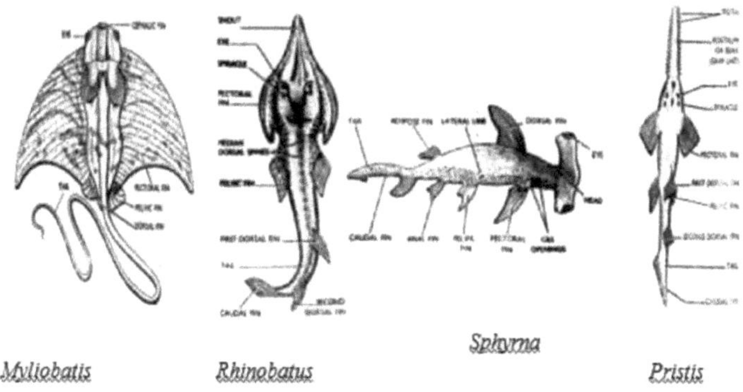

Figura 28: Peixes tubarões e raias

4.17. Pesca de crustáceos

Várias espécies de crustáceos, incluindo camarões, lagostas e caranguejos, fazem parte das capturas marinhas. As espécies mais importantes são Penaeus indicus, P. monodon, P. japonicas, Metapeneus dobsoni, M. affinis, M. brevicornis, Panulurus spp., Scylla serrata, Neptunus pelagicus, Portunus spp. etc. A sua procura é considerável, tanto para consumo interno como para exportação. Em termos gerais, dividem-se em grupos peneídeos e não peneídeos. Os camarões peneídeos pertencem à família Penaeidae e, devido ao seu grande tamanho, são adequados para a exportação e são muito importantes do ponto de vista económico. Os camarões não peneídeos são de tamanho pequeno e pertencem a várias famílias como Palaemonidae, Pandalidae e Sergestidae.

As lagostas pertencem ao género Panulirus, família Palinuridae, e as espécies P. polyphagus, P.homarus e P. ornatus são comercialmente importantes e existe uma boa pescaria ao longo da costa noroeste da Índia.

Existem várias espécies de caranguejos nas águas indianas, mas apenas algumas são utilizadas como alimento. Algumas das espécies de caranguejos são altamente nutritivas e tão deliciosas como os camarões e as lagostas, sendo necessário criar uma boa procura a nível interno, bem como para exportação.

4.18. Pesca de moluscos

Nas águas costeiras pouco profundas, nos estuários e nas águas salobras, existe um grande número de moluscos que podem ser utilizados de várias formas. Estes incluem Lamellibranchs, Gastropods e Cephalopods. Várias espécies de mexilhões, ostras, amêijoas, caracóis e chocos são utilizados como alimento pelo homem. As valiosas pérolas são obtidas das ostras perlíferas e as conchas espessas e iridescentes, designadas por "madrepérola", são muito procuradas para o fabrico de botões, fivelas, abajures e outros objectos ornamentais.

4.19. Mexilhões

Duas espécies de mexilhões, pertencentes à família Mytildae, encontram-se habitualmente na Índia. Estas foram designadas por Mytilus viridis ou Perna viridis (mexilhão verde) e Perna indica (mexilhão castanho). São gregários e permanecem ligados às rochas ou a outros substratos duros por meio de fios de bisso. O P. viridis ocorre ao longo de toda a costa ocidental e oriental da Índia e nas ilhas Andaman, tendo sido registado que atinge um comprimento de até 145 mm. O mexilhão castanho atinge um comprimento de até 120 mm. Para a pesca, os pescadores percorrem águas pouco profundas ou mergulham em águas mais profundas para chegar aos leitos, onde os mexilhões são destacados com facas e recolhidos em sacos atados à cintura. Uma grande parte da captura é utilizada como alimento pelos próprios pescadores. São utilizados como alimento pelos homens pobres. São cultivados em muitos países como Espanha, França, Reino Unido e Itália. Há boas possibilidades de cultivo de mexilhões na Índia.

Figura 29: Perna viridis

4.20. Ostras

As ostras comestíveis são apreciadas como alimento em muitos países e são caras. São altamente nutritivas, sendo ricas em vitamina A e B, e também contêm proteínas suficientes. Na Índia, as ostras não são muito colhidas e são fornecidas a restaurantes de alta classe nas grandes cidades, para satisfazer as necessidades dos estrangeiros. São geralmente utilizadas pelas populações mais pobres ao longo da costa. As espécies habitualmente encontradas nas águas indianas são a Crassostrea madrasensis, a Saccostrea cuculata e a C.discoidea. As ostras são reprodutoras prolíficas e uma fêmea produz milhões de óvulos. São cultivadas em grande escala no Canadá, em França, nos EUA e no Japão. Na Índia, a cultura de ostras também deve ser efectuada em grande escala.

4.21. Amêijoas

As amêijoas que ocorrem nos estuários são Meretrix meretrix, M. casta, Villorita cyprinoides, Paphia malabarica, etc. Encontram-se principalmente ao longo da costa de Kerala, Karnataka, Goa e Maharashtra. As mulheres e as crianças recolhem-nas geralmente à mão nos seus leitos naturais. Para além das amêijoas, outras espécies de bivalves, como o lingueirão (Solen) e a ostra Placenta placenta, são também utilizadas como alimento.

Gastrópodes : Apenas algumas espécies de gastrópodes são utilizadas como alimento na Índia. Sabe-se que as espécies Trochus, Turbo, Buccinum e Oliva são utilizadas como alimento. O chank sagrado, Xancus pynun, ocorre principalmente no Golfo de Mannar de Tamilnadu. Outras zonas são a costa de Trvandrum em Kerala, o golfo de Kutch em Gujurat e a ilha de Andaman. A sua carne é extraída, cortada e seca ao sol para ser utilizada como alimento.

Os cefalópodes que ocorrem ao longo da costa indiana são as lulas, os chocos e os polvos, que são utilizados como alimento. As espécies dominantes nas capturas comerciais são Loligo duvauceli, Sepia pharaonis, S. aculeate e Octopus membranaceous. Outras espécies encontradas consideravelmente são Sepia elliptica, Loligo duvauceli, Octopus vulgaris, O. dollfusi, etc.

4.22. Ostra de pérola Pesca

As pérolas mais valiosas são obtidas a partir da ostra Pinctada fucata (P.vulgaris), P. margaritifera, P. anomiodes, P. chemnitzi, etc. A mais importante destas espécies é a P. fucata, que tem uma distribuição muito vasta. As ostras-de-pérola ocorrem ao longo de ambas as costas da Índia e as populações densas encontram-se ao longo das cristas rochosas denominadas "bancos de pérolas". As zonas mais produtivas situam-se perto de Tuticorin. Também se encontram no Golfo de Kutch.

Os recursos de ostras de pérola são monopólio do Estado em causa e a pesca é efectuada sob controlo governamental. Se o estudo indicar boas perspectivas de pesca, é feito um anúncio nos jornais locais convidando mergulhadores, proprietários de barcos, comerciantes de pérolas, etc. Os barcos com mergulhadores e a tripulação dirigem-se para os bancos de pesca de manhã cedo e as operações decorrem até ao meio-dia, durante cerca de dois meses. As ostras são leiloadas, deixadas a apodrecer durante alguns dias, depois são abertas e lavadas para recolher as pérolas que contêm. Em cada pescaria são apanhados milhões de ostras, mas algumas delas dão origem a pérolas de grande tamanho, redondas e de boa qualidade, que atingem um preço elevado. A cultura de pérolas também é praticada induzindo as ostras a formar pérolas.

Durante este processo, são introduzidas pérolas de concha na ostra, entre a concha e o manto, para que a ostra possa segregar uma substância nacarada à volta da pérola. As ostras tratadas são mantidas em jaulas, suspensas em jangadas flutuantes, em águas pouco profundas do mar. A pérola forma-se como na natureza e é retirada.

4.23. Pescaria Chank

A pesca do chank na Índia baseia-se no chank sagrado Xancus pyrum (Turbinella pynun), muito utilizado como trombeta nos templos. Este gastrópode ocorre ao longo da costa da Índia e do Sri Lanka. Encontram-se extensos leitos em Tamil Nadu, Trivandrum (Kerala) e no Golfo de Kutch.

A concha de chank é elegante, maciça e em forma de pera, com uma espiral cónica e uma abertura larga. As conchas são muito utilizadas para o fabrico de pulseiras e outros objectos de adorno. A sua utilização como alimento é limitada. A pesca é efectuada por mergulhadores que chegam aos leitos e recolhem à mão. No Golfo de Mannar, em Tamil Nadu, são produzidas conchas de boa qualidade. A época de pesca decorre entre outubro e maio.

As conchas recolhidas em vários locais são enviadas para Calcutá, onde são cortadas em pedaços de tamanho adequado e polidas para serem utilizadas nas indústrias de pulseiras. Normalmente, a concha tem uma torção dextral, mas raramente se encontra uma com uma torção sinistral, que tem um preço elevado, pois acredita-se que traz boa sorte ao proprietário. Os hindus consideram o chank muito sagrado e utilizam-no em cerimónias religiosas e nos templos. Além disso, a carne de alguns chanks é retirada, cozida e seca ao sol para ser utilizada como alimento pelos mergulhadores e suas famílias. O pó de casca de chank é utilizado em alguns medicamentos e as cascas de chank queimadas produzem cal de alta qualidade.

4.24. Factores que influenciam a produção de peixe na costa oeste e leste da Índia

A salinidade, o pH, a temperatura, a termoclina e a ressurgência são os factores importantes que influenciam a produção de peixe. A salinidade afecta a osmoregulação dos peixes. Alguns peixes são eurihalinos e podem suportar amplas gamas de salinidade, mas, em geral, existe uma tolerância óptima à salinidade para os peixes ao longo das zonas costeiras. A salinidade afecta a flutuabilidade dos ovos. Os valores médios de salinidade do mar Arábico variam entre 34-37 ppt e são superiores aos 30-34 ppt da baía de Bengala. Na costa ocidental da Índia, existem alguns sistemas fluviais importantes - Sabarmati, Narmada e Tapti - que desaguam no mar Arábico. A água altamente salina proveniente do Mar Vermelho e do Golfo Pérsico aumenta a salinidade do Mar Arábico. Em contrapartida, vários sistemas fluviais - o Cauvery, o Krishna, o Godavari, o Mahanadi, o Ganges e o Brahmaputra - desaguam na Baía de Bengala, diluindo a água.

Geralmente, o pH da água do mar é de 7,5 - 8,4. Ao longo da costa ocidental da Índia, o pH é de 88,3, o que é favorável aos peixes. A temperatura à superfície do mar Arábico varia geralmente entre 23 C-29^{00} C. Na Baía de Bengala, a flutuação é menor e situa-se entre 27 C-29^{00} C.

A termoclina é a zona de camadas de água que separa, num gradiente vertical, a zona superior de água mais quente da água nitidamente mais fria da região mais profunda do mar. Na costa ocidental, a termoclina situa-se geralmente abaixo dos 50-55 m, indo por vezes até aos 100125 m de profundidade. Em geral, a água da Baía de Bengala é quase isotérmica na costa sudoeste, a termoclina situa-se entre 75 e 90 m, durante o período entre as monções. Com o avanço da monção, a termoclina sobe para 30 m, mas durante o inverno desce para 100 m. A deslocação da termoclina é uma indicação de afloramento. A água aflorada tem uma temperatura baixa, uma densidade mais elevada, um baixo teor de oxigénio e é rica em nutrientes. Consequentemente, a maior produtividade biológica e o aumento da pesca ao longo da costa ocidental da Índia são o resultado do afloramento de água. As águas ricas em nutrientes produzem uma colheita abundante de plâncton. No entanto, a produtividade orgânica é elevada ao longo das ilhas Andaman e Lakshdweep.

Há dois picos de fitoplâncton ao longo da costa ocidental, com a produção máxima entre junho e setembro e um pico mais baixo entre novembro e dezembro. Embora também ocorram dois picos ao longo da costa leste, a produção de fitoplâncton é muito inferior à da costa oeste. A produção de fitoplâncton e o rendimento dos peixes estão diretamente relacionados e os plânctons estão na base da cadeia alimentar, produzindo, em última análise, os peixes.

A formação de "bancos de lama" ao longo da costa ocidental também influencia a produção de peixe. Durante os meses da monção do sudoeste, as águas do fundo, carregadas de lodo, sobem à superfície numa vasta área. O lodo encontra-se em estado de suspensão e a água é rica em nutrientes. A produção de plâncton é muito elevada nestes bancos de lodo. Um grande número de peixes e camarões chega até lá para se abrigar e se alimentar, e a pesca é muito boa durante este período.

CAPÍTULO 5

PISCICULTURA EM COMPÓSITO

5. INTRODUÇÃO

A fim de obter um rendimento máximo de peixe num tanque, é essencial cultivar espécies compatíveis de crescimento rápido com diferentes hábitos alimentares. A produção de peixe por métodos tradicionais antigos dá um baixo rendimento. Quando várias espécies compatíveis são cultivadas juntas na proporção correta no tanque, os nichos ecológicos disponíveis são explorados e a produção aumenta consideravelmente. Este método é conhecido como piscicultura mista ou policultura. Este sistema baseia-se no princípio de que as espécies compatíveis não se prejudicam mutuamente, mas que se utilizam da maneira mais eficiente. Não há competição entre as diferentes espécies, por outro lado, elas podem ter um efeito benéfico no crescimento de outras. A piscicultura mista envolve a adubação racional e a fertilização do tanque, assim como a alimentação dos peixes com comida suplementar que consiste em bolos de óleo e farelo de arroz ou de trigo. Na Índia, a piscicultura mista é uma prática antiga e as espécies como Catla catla (alimentador de superfície), Labeo rohita (alimentador de coluna) e Cirrhinus mrigala ou Labeo calbasu (alimentadores de fundo) são, geralmente, povoados juntos no mesmo tanque. Quando se seleciona um grupo de peixes, cada um com hábitos alimentares diferentes, então os recursos alimentares do tanque são utilizados adequadamente. O povoamento das três principais carpas indianas (catla, rohu mrigal) e carpas exóticas como a carpa prateada (Hypopthalmichthys molitrix), carpa herbívora (Ctenopharyngodon idella) e carpa comum (Cyprinus carpio) no mesmo tanque é um excelente exemplo da seleção correta das espécies para a utilização máxima da comida das diferentes zonas do tanque. A Catla alimenta-se à superfície e alimenta-se principalmente de zooplâncton e a carpa prateada alimenta-se de fitoplâncton à superfície. O Rohu alimenta-se à coluna, alimentando-se de matéria vegetal e epífitas, enquanto a carpa herbívora se alimenta de ervas macias na camada intermédia. Os comedores de fundo como C. mrigala e L. calbasu e a carpa comum alimentam-se de vegetação em decomposição, animais bentónicos, plantas e plâncton epifítico do fundo do tanque.

5.1. Espécies de peixes em piscicultura mista

Dependendo da compatibilidade e do tipo de hábitos alimentares dos peixes, os seguintes tipos de peixes de variedades indianas e exóticas foram identificados e recomendados para o cultivo na tecnologia de piscicultura composta.

Quadro 2: Peixes cultiváveis

Species	Feeding habit	Feeding zone
	Indian Major Carp	

Catla	Zoo plankton feeder	Surface feeder
Rohu	Plankton feeder	Column feeder
Mrigal	Detritivorous	Bottom feeder
	Exotic carps	
Silver carp	Phytoplankton feeder	Surface feeder
Grass carp	Herbivorous	Surface, column and marginal areas
Common carp	Detritivorous/ Omnivorous	Bottom feeder

Os recursos aquáticos interiores incluem 2,4 milhões de hectares de lagos e tanques, 0,4 milhões de hectares de terras húmidas de planícies aluviais, 1,07 milhões de hectares de canais, jheels, massas de água abandonadas e 3,15 milhões de hectares de reservatórios, o que constitui uma grande oportunidade para promover a aquicultura. Da produção total de peixe em águas interiores, de cerca de 6,7 milhões de toneladas, cerca de 85% provêm do sector da cultura. A produtividade média dos tanques é de 2600 kg/ha/ano. Existe uma enorme margem de manobra para a piscicultura mista em tanques rurais.

Os parâmetros técnicos da piscicultura composta incluem a seleção do local, bem como a gestão do pré- povoamento, a densidade de povoamento, a adubação e fertilização, a alimentação, a colheita e a operação pós-colheita.

5.2. Seleção da lagoa

O principal critério a ter em mente quando se seleciona o tanque é que o solo deve ser retentivo de água, o fornecimento adequado de água é assegurado e que o tanque não se encontra numa área propensa a inundações. Os tanques abandonados, semi-abandonados ou pantanosos podem ser renovados para a piscicultura através de desidratação, desassoreamento, reparação dos aterros e fornecimento de entrada e saída. O tanque pode ser propriedade do indivíduo ou ser alugado. Recomenda-se a construção de novos tanques em locais ideais, tendo em conta os parâmetros acima referidos.

5.3. Gestão de lagos

A gestão do tanque desempenha um papel muito importante na piscicultura antes e depois do povoamento de semente de peixe. Várias medidas que devem ser tomadas antes e depois do povoamento são apresentadas abaixo:

5.4. Pré-armazenamento

No caso de novos tanques, as operações de pré povoamento começam com a calagem e o enchimento do tanque com água. No entanto, o primeiro passo para os tanques existentes que requerem desenvolvimento consiste em limpar o tanque de ervas daninhas e peixes indesejáveis, seja por meios manuais, mecânicos ou químicos. Para o efeito, são utilizados diferentes métodos.

i) Remoção de ervas daninhas por meios manuais/mecânicos ou químicos.

ii) Remoção de peixes indesejáveis e predadores e outros animais através de redes repetidas ou usando bolo de óleo de mahua @ 2500 kg/ha metro ou secando o leito do tanque ao sol.

iii) Calagem: Os solos/tanques que são de natureza ácida são menos produtivos do que os tanques alcalinos. A cal é usada para trazer o pH para o nível desejado. Para além disso, a cal também tem os seguintes efeitos

a) Aumenta o pH.

b) Actua como tampão e evita flutuações de pH.

c) Aumenta a resistência do solo aos parasitas.

d) O seu efeito tóxico mata os parasitas; e

e) Acelera a decomposição orgânica.

As doses normais da cal desejada variam entre 200 e 250 Kg/ha. No entanto, a dose efectiva tem de ser calculada com base no pH do solo e da água da seguinte forma:

Quadro 3: Dose de cal em função do pH da água

Soil pH	Lime (kg/ha)
4.5-5.0	2,000
5.1-6.5	1,000
6.6-7.5	500
7.6-8.5	200
8.6-9.5	Nil

O tanque deve ser enchido com água da chuva ou com água de outras fontes após a calagem, caso se trate de um tanque novo.

5.5. Fertilização e adubação

A fertilização do tanque é um meio importante para intensificar a piscicultura, aumentando a produtividade natural do tanque. O programa de fertilização deve ser preparado depois de estudar a qualidade do solo do tanque. A combinação de estrume orgânico e fertilizantes inorgânicos pode ser usada para obter melhores resultados. O programa de fertilizantes tem que ser modificado adequadamente dependendo do crescimento do peixe, da reserva de comida disponível no tanque, das condições físico-químicas da água do tanque e das condições climáticas.

Quadro 4: Adubação e fertilização do tanque

Organic	Organic manure to be applied after a gap of 7 days from the date of liming. Cow dung @ 5000 kg/ha or any other organic manure in equivalent manurial value.
Inorganic	Inorganic fertilization to be undertaken after 15 days of organic manuring. Requirement of nitrogenous and phosphate fertilisers would vary as per the nature of the soil fertility indicated below. However, any one of the

	nitrogen and phosphate fertilisers could be used as per given rate.

Quadro 5: Aplicação de Fertilizante Nirogénico Inorgânico (kg/ha/mês)

Soil Fertility status	Ammonium Sulphate	Urea
Nitrogen(mg/100g soil)		
i)High (51-75)	70	30
ii)Medium(26-50)	90	40
iii)Low(up to 25)	140	60

Quadro 6: Aplicação de fertilizante inorgânico (fósforo) (kg/ha/mês)

2. Phosphorous (mg/100 gm soil)	Single super phosphate	Triple Super Phosphate
i)High (7-12)	40	15
ii)Medium(4-6)	50	20
iii)Low(up to 3)	70	30

5.6. Meia

O tanque estará pronto para ser povoado após 15 dias da aplicação dos fertilizantes. Os alevinos de peixes de 50- 100 gm (aproximadamente) devem ser usados para o povoamento @ 5000 nos. por hectare. No entanto, se forem utilizados alevins de tamanho mais pequeno, pode ser feita uma indemnização adequada para ter em conta a mortalidade. O modelo atual prevê o povoamento de plântulas avançadas e a sua criação durante 10-12 meses. Uma vez que a procura de carpas maiores indianas no mercado é muito boa, especialmente de Catla e Rohu, o modelo é preparado com base no povoamento apenas de carpas maiores indianas na densidade de povoamento mencionada abaixo.

Quadro 7: Rácio de espécies em agricultura mista

Species combination Species	3-species	4-species	6-species
Catla	4.0	3.0	1.5
Rohu	3.0	3.0	2.0
Mrigal	3.0	2.0	1.5
Silver Carp	-	-	1.5
Grass Carp	-	-	1.5
Common Carp	-	2.0	2.0

5.7. Lançar o stock

5.7.1.1. Alimentação suplementar

Os peixes precisam de muito mais comida do que aquela que está disponível naturalmente no tanque. Os peixes podem ser alimentados com uma mistura de farelo de arroz e bagaço de óleo na proporção de 2:1. Devido ao elevado custo do bagaço de óleo de amendoim (GOC), os agricultores tentaram utilizar fontes alternativas como o bagaço de óleo de semente de algodão, que é comparativamente mais barato do que o GOC. O GOC e o bagaço de óleo de semente de algodão podem ser misturados em proporções iguais e dados aos peixes, e é relatado que dão quase a mesma taxa de crescimento que o GOC. A ração deve ser colocada num tabuleiro de alimentação ou em sacos de alimentação e baixada para o fundo do tanque ou pode ser espalhada nos cantos do tanque. Depois de algum tempo os peixes habituar-se-ão a este tipo de alimentação e se agregarão no mesmo lugar num determinado momento para a alimentação regular, reduzindo assim as perdas de comida. A taxa de alimentação recomendada é de 3 % do peso do corpo até 500 gm de tamanho de peixe e depois reduz-se a 2% do peso do corpo de 500- 1000 gm de tamanho. A alimentação é de carácter suplementar. A quantidade de ração é ajustada de acordo com o consumo diário de ração.

5.7.1.2. Adubação

i) A adubação orgânica pode ser feita em parcelas mensais de 1000 kg/ha.

ii) A adubação inorgânica pode ser feita em intervalos mensais, alternando com a adubação orgânica.

Contudo, a taxa mensal de fertilização vai depender da produtividade do tanque e do crescimento dos peixes. Deve-se assegurar que não haja excesso de fertilização que pode resultar em eutrofização.

5.7.1.3. Colheita

A colheita é geralmente efectuada no fim do primeiro ano, quando os peixes atingem um peso médio de 800 gm a 1,25 kg. Com uma gestão adequada pode-se obter uma produção de 4 a 5 toneladas/ha num ano. A colheita é feita por desidratação parcial e repetição da rede. Nalguns casos recorre-se à desidratação total dos tanques. Alguns agricultores recorrem à colheita parcial também dependendo da estação e da procura de peixe.

Atualmente, os empresários estão a utilizar uma série de medidas para aumentar a produção de peixe por hectare. As medidas importantes adoptadas são o povoamento de alevins avançados / anuários, atordoando o crescimento da semente de peixe durante o primeiro ano, povoamento pesado e colheita múltipla depois dos peixes atingirem um tamanho de 500 gm, povoamento múltiplo e colheita múltipla, uso de aeradores, piscicultura integrada com actividades de criação de animais como leite, aves de capoeira, suinicultura ou patos para obter diariamente adubo orgânico para o tanque, aumentando assim a sua fertilidade. É possível aumentar a produção de peixe por hectare para 7 a 10 toneladas por hectare por ano, empregando os diferentes métodos acima indicados.

Estão disponíveis subsídios para várias rubricas, como a renovação/reparação de tanques, a construção de novos tanques, os factores de produção do primeiro ano, etc., no âmbito de um regime de subsídios patrocinado a nível central, aplicado pela maioria dos governos estatais através de FFDAs para diferentes categorias de agricultores e também do Conselho Nacional de

Desenvolvimento das Pescas (NFDB), cujos pormenores podem ser obtidos junto dos departamentos de pescas em causa ou no sítio Web do NFDB www. nfdb.ap.nic.in, respetivamente.

Mutuários elegíveis

Podem beneficiar do crédito as seguintes categorias de mutuários.

a) Um indivíduo.
b) Uma empresa.
c) Uma empresa de parceria.
d) Uma sociedade cooperativa.
e) Um grupo de piscicultores.

O FFDA está a prestar formação em piscicultura aos mutuários elegíveis, sendo essencial que o beneficiário possua conhecimentos adequados em matéria de piscicultura antes de recorrer ao empréstimo bancário.

CAPÍTULO 6

CULTURA DE CAMARÕES

6. INTRODUÇÃO

As gambas e os camarões, de importância comercial, pertencem à subordem Macrura da ordem Decapoda (crustáceos). Embora, na prática, não exista uma distinção clara entre os camarões e as gambas, os primeiros são a variedade maior (mais de 10 cm) pertencente às famílias Penaeidae (Penaeus spp.) e Palaemonidae (Palaemon spp. e Macrobrachium spp.), enquanto os segundos são a variedade mais pequena (cerca de 2,5 cm) pertencente à família Sergestidae (Acetes spp.). Os camarões são marinhos, enquanto os gambas são habitantes de água doce e salobra; ambos têm um elevado valor nutritivo como alimento. Os camarões de água doce habitam rios, reservatórios, tanques e canais de irrigação. O Macrobrachium rosenbergii, chamado "camarão gigante", é a espécie mais importante; atinge cerca de 30 cm de tamanho e tem uma fecundidade elevada de 7000-100000. Os machos são os maiores dos dois sexos. A maturidade é atingida em 5 a 6 meses. A reprodução ocorre durante todo o ano. O seguinte em importância é o M. malcolmsonii, que atinge um tamanho de 20 cm e uma fecundidade de 3500-7000 ovos.

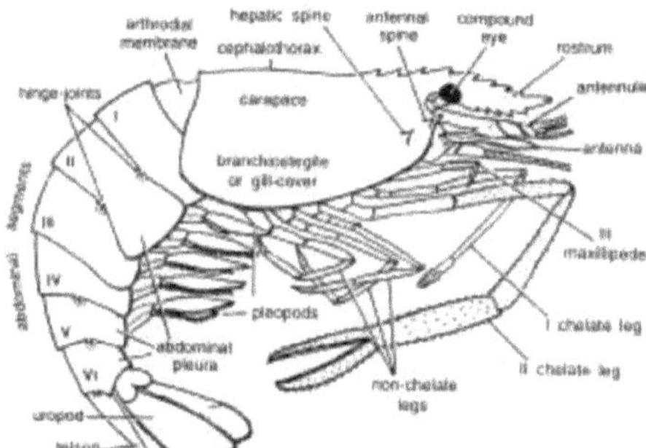

Figura 30: Palaemon

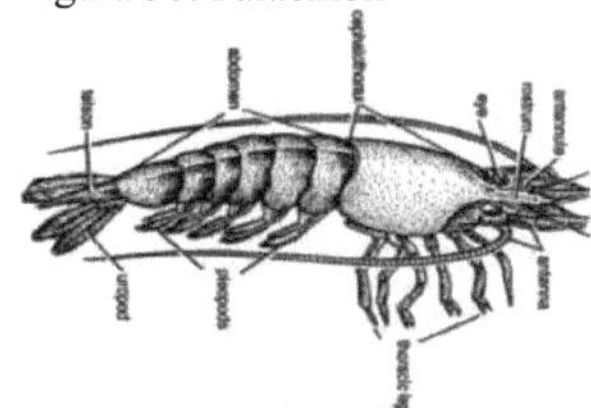

Figure 31: ***Penaeus***

A espécie de água salobra mais importante é o Penaeus monodon, chamado "camarão tigre", que atinge um tamanho de 33 cm e tem uma fecundidade de mais de 700 000 ovos. Outras espécies importantes de camarões peneídeos são Penaeus indicus, P. semisulcatus, Metapenaeus affinis, M. dobsoni, M. monoceros e Parapenaeopsis stylifera. Os camarões peneídeos habitam os estuários de várias embocaduras de rios na costa ocidental e na costa oriental, os lagos (Chilika e Pulicat) e as águas interiores (costa de Kerala). M.rosenbergii e P. monodon são as duas espécies mais adequadas para a cultura. O ciclo de vida de M. rosenbergii tem fases de crescimento nos rios e fases larvares nas águas salobras. No caso do P. monodon das águas costeiras, os adultos migram para o mar alto para se reproduzirem, onde se desenvolvem as primeiras fases larvares. As larvas migram depois para os estuários onde se dá o desenvolvimento pós-larvar e os juvenis deslocam-se para as águas costeiras do litoral para completar o ciclo de vida.

A cultura de gambas e camarões é atualmente uma prática estabelecida, tanto em regime semi-intensivo como intensivo. O potencial para a sua aquicultura é grande. São cultivados em represas (bheries de W.Bengal), lagoas de água doce, estuários e águas interiores, arrozais (Kerala), bem como em salinas. A cultura integrada como a cultura de arroz com camarão e a policultura com peixes de água salobra (peixe-leite Chanos chanos, mancha de pérola Etroplus suratensis e tainhas Mugil cephalus) têm boas possibilidades de desenvolvimento. No total, estão atualmente disponíveis para cultura 1,2 milhões de hectares de estuários e águas interiores adequados. Os camarões são os mais adequados para cultura devido à sua elevada taxa de crescimento (tamanho comercializável em 3 a 6 meses), elevada tolerância ao stress operacional, hábito alimentar omnívoro (variedade de alimentos ingeridos) e elevada procura no mercado (nacional e estrangeiro). O único obstáculo à recolha de sementes está a ser eliminado pela introdução da técnica de reprodução induzida. M. rosenbergii e P. monodon são as duas espécies de camarão mais adequadas para a cultura em água doce e em água salobra, respetivamente.

6.1. Cultura do camarão gigante de água doce Macrobranchium rosenbergii

As sementes (juvenis) são recolhidas, por meio de redes de arrasto ou de armadilhas feitas de um ramo de arbustos, no estuário, tanto na maré baixa como na maré alta. As sementes são depois transportadas em contentores de plástico abertos (5'x4'). As sementes podem também ser obtidas em maternidades, onde as fêmeas grávidas e as fêmeas em cio são induzidas a reproduzir-se e a desovar. A alimentação inclui uma variedade de artigos, tais como perifíton, lab lab, ovo, creme, carne de peixe, minhocas, uma mistura de farelo de arroz e bolo de óleo, Artemia, Moina, etc. A taxa de armazenamento é geralmente de 1 lakh por hectare. Podem também ser utilizados como fertilizantes a cal, a ureia e os superfosfatos. O tamanho comercializável é atingido em seis meses. A gestão implica a manutenção de uma boa qualidade da água e uma alimentação correta. A criação e o povoamento requerem tratamentos diferentes. A criação é efectuada em viveiros para permitir que as pós-larvas (1 cm de tamanho) se transformem em juvenis (2-3 cm de tamanho). Para os viveiros, podem ser utilizados hapas, piscinas de plástico, cisternas de cimento, tanques de fibra de vidro, etc. Estes são mantidos cobertos para evitar a luz solar direta. Os detritos (alimentos não utilizados, excrementos e outras matérias) são continuamente aspirados. A salinidade é mantida entre 4 e 5 ppt no início e depois é progressivamente aumentada para 14 ppt à medida que as larvas crescem. As larvas são alimentadas a partir do segundo dia de eclosão com creme de ovos e Moina/Artemia viva. Antes do povoamento, as pós-larvas são aclimatadas à água doce através da exposição a salinidades gradualmente reduzidas. O povoamento dos viveiros é feito a uma taxa de cerca de duas a três mil pós-larvas por metro quadrado. As pós-larvas são alimentadas com Moina/Artemia viva, carne de amêijoa e pedaços de minhoca. A alimentação artificial (farelo de arroz e bolo de óleo de amendoim) também é dada três vezes por dia. Os tanques com uma dimensão de 0,1 a 0,2 hectares são bons para a cultura de camarões. Estes tanques são geridos da mesma maneira que para a cultura da carpa no que diz respeito à calagem, adubação e outras medidas de rotina. A taxa de povoamento recomendada é de cerca de 50000 juvenis /ha em monocultura, mas apenas 25000 juvenis / ha. em policultura com carpas principais. Quando a cultura do camarão é combinada com a cultura da carpa, excluem-se a carpa mrigal e a carpa comum para evitar qualquer competição com o camarão. É desejável uma alimentação suplementar. É utilizada uma variedade de produtos, incluindo produtos de origem vegetal (raízes de tapioca, bolos de óleo, arroz quebrado), bem como de origem animal (peixe de lixo, carne de amêijoa, camarões (Acetes spp.). A colheita é efectuada de forma intermitente, capturando os camarões de tamanho comercializável (mais de 50 g). O rendimento (em seis meses) é geralmente da ordem de 1000 kg/ha em monocultura e 500 kg/ha em policultura.

Figura 32: Ciclo de vida do camarão de água doce M. rosenbergii

6.2. Cultura do camarão-tigre Penaeus monodon

As sementes (pós-larvas e juvenis) estão disponíveis ao longo de todo o ano nos estuários (estuário Hooghly-Matlah de Sunderbans, estuário Mahanadi, estuário Adyar), na foz do lago (Chilika) e nas águas interiores da costa oriental. A recolha de sementes é efectuada quer por meio de redes de arrasto e de redes de rebentação, quer por meio de comportas equipadas com dispositivos de filtragem adequados, instaladas nas explorações de águas salobras, que trazem as sementes com a entrada das marés. As sementes devem ser separadas, uma vez que podem ser uma mistura de sementes de P. monodon e de outros camarões. A identificação das sementes de P. monodon é possível até ao estádio de 13 mm, devido ao aparecimento de uma linha vermelha no lado ventral, que se torna verde-rosa entre o estádio de 15 mm e 20 mm. O transporte das sementes é efectuado em contentores abertos, tendo o cuidado de manter as sementes de diferentes grupos de tamanho em contentores separados. Isto é necessário porque o grupo de tamanho grande é canibal e pode atacar os mais pequenos.

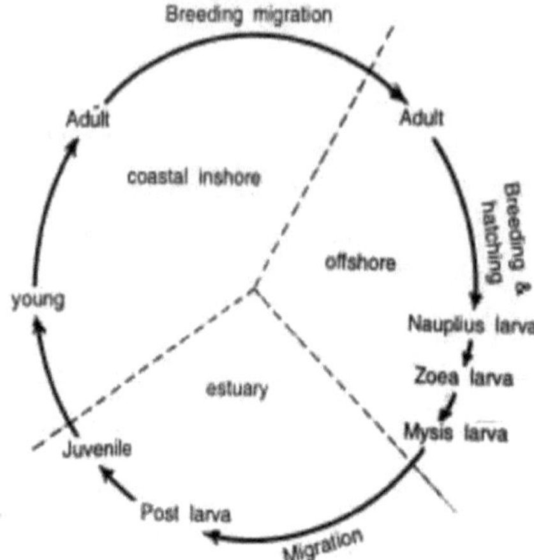

Figura 33: Ciclo de vida do camarão-tigre P. monodon

A gestão dos tanques é importante quando se efectua uma cultura semi-intensiva ou intensiva. A calagem do tanque (à taxa de 1 a 2 toneladas/ha) é feita 4-8 semanas antes do povoamento. Isto é essencial para destruir os parasitas e os agentes patogénicos, para neutralizar a acidez do solo, para se livrar dos gases tóxicos (amoníaco e sulfureto de hidrogénio) do solo por oxidação e para tornar disponível o cálcio como elemento nutritivo. A água é mantida bem oxigenada utilizando aeradores a 8- 9 ppm D.O. e a uma salinidade adequada (não inferior a 10 ppt). Por conseguinte, recomenda-se a lavagem periódica com água fresca das marés. O controlo da qualidade da água é essencial para verificar se o pH é superior a 8,0. O uso de fertilizantes é essencial para promover o crescimento adequado de plâncton no tanque. Os fertilizantes são aplicados quando o nível da água está baixo. Tanto o fertilizante orgânico (esterco de vaca a uma taxa de 1000 kg./ha. ou estrume de galinha a metade da taxa de esterco de vaca) como o inorgânico (ureia a uma taxa de 100 kg./ha. ou super fosfato triplo a uma taxa de 50 kg./ha.) são usados. O nível da água é elevado após a aplicação dos fertilizantes.

Para arejar a água do tanque, são utilizadas rodas de pás. Uma dúzia de rodas de pás é suficiente se a profundidade do tanque for de 1,2 m e a densidade de povoamento for de 20 estágios pós-larvais por metro quadrado. A duração do funcionamento das rodas de pás depende da duração do período de cultura. No primeiro mês pode ser de 4 a 8 horas por dia mas no quarto mês deve ser de 16 a 20 horas por dia.

A aclimatação dos estádios pós-larvares antes do povoamento é uma consideração importante para garantir uma melhor sobrevivência. Além disso, o pH, a salinidade e a temperatura devem corresponder bem aos níveis obtidos na maternidade e nos tanques de povoamento. Uma diferença nominal pode afetar negativamente a sobrevivência. Por exemplo, considera-se uma diferença nominal de 0,5 no nível de pH e não mais de 3 ppt no nível de salinidade. As mudanças bruscas de temperatura podem provocar uma mortalidade elevada.

São enumeradas algumas diretrizes sobre práticas de gestão para a cultura semi-intensiva de P. monodon. São necessários cerca de 3 a 4 meses para que os camarões atinjam o tamanho comercializável (mais de 15 cm), mas é necessário mais tempo para obter o tamanho máximo da espécie. A colheita é geralmente efectuada por meio de redes durante os meses pós-inverno. Também é comum a captura de camarões que se deslocam contra a corrente, para o que é gerada uma corrente dirigida por meio de uma bomba. A desidratação é efectuada quando todos os camarões presentes devem ser capturados.

A colheita, no entanto, é efectuada com grande cuidado. O método mais conveniente é: (i) Em primeiro lugar, o nível da água é baixado no tanque, (ii) Em seguida, a água é drenada através de uma saída na qual é montada uma rede de saco, (iii) A captura é continuamente removida da extremidade traseira da rede e transferida para recipientes de plástico que podem conter 25 kg de camarão.

Diretrizes gerais para práticas de gestão em explorações semi-intensivas de camarão. (Segundo Chiu et al. 1988)

Parâmetros	Valores/qualidades desejados
1. Dimensão efectiva da exploração	< 25 ha
2. Dimensão do tanque	0,5 a 1 ha
3. Bundas	terrestre
4. Nível de inclinação do Bundh	1:1-1:2
5. Fundo da lagoa	terrestre
6. Densidade populacional	P. monodon 25-40 PLs/m2 P. indicus 40-50 PLs/m2
7. Tamanho do fryPL	25

8. Gestão da água

(a) Profundidade 0,9-1,5 m

(b) Taxa de troca de água 10% na parte inicial

(c) Bombagem até 50.000m3/ha/cultura

(d) Arejamento com rodas de pás por 6 nos/ha (1 Hp cada)

No entanto, nas práticas de piscicultura semi-intensiva e intensiva, é assegurada uma dieta equilibrada (quantidades adequadas de proteínas, lípidos, hidratos de carbono, minerais e vitaminas), quer utilizando alimentos naturais (cultivados) quer artificiais (farelo de arroz, bagaço de óleo, farinha de peixe, mistura de vitaminas e minerais, etc.). A alimentação é o aspeto mais dispendioso, representando não menos de 3/4 do custo operacional.

6.2.1. Produção

As práticas culturais extensivas e semi-intensivas estão em voga em muitos Estados, como Bengala Ocidental (bheri), Kerala (Pokkali Paddy fields), Karnataka e Goa (Kharlands), Andhra Pradesh, Odisha, Tamil Nadu e Pondichery. O rendimento varia entre 150 kg e 2,0 toneladas por hectare e por ano. A cultura intensiva, que está a recuperar rapidamente, tem como objetivo um rendimento de 10 toneladas por hectare e por ano.

A agricultura extensiva envolve grandes tanques com uma área de 1 a 5 hectares, com uma densidade animal limitada a apenas 1 lakh/ha. Após uma certa gestão (reposição de água e alimentação suplementar), o rendimento obtido é de cerca de 1000 kg/ha/cultura.

A agricultura semi-intensiva é mais predominante. Envolve tanques bastante pequenos (0,2 ha a 0,3 ha de área) com maior densidade (1 lakh a 3 lakh/ha). É efectuada uma boa gestão para controlar a qualidade da água através da utilização de arejadores e de rações de alta qualidade. A produção obtida varia entre 4000 kg/ha e 5000 kg/ha. A agricultura intensiva envolve pequenos lagos com uma densidade populacional muito elevada (5 lakh a 10 lakh/ha). É praticada a troca diária de água, o arejamento, a alimentação com granulados ricos em proteínas, a gestão sanitária, etc. O rendimento obtido varia entre 10 e 15 toneladas/ha.

CAPÍTULO 7

CULTURA DE CARANGUEJOS DA LAMA

7. INTRODUÇÃO

O caranguejo-da-lama é uma das culturas aquícolas mais comercializadas. A cultura do caranguejo-da-lama em tanques tem sido praticada na China desde há muito tempo e há mais de 30 anos em vários países asiáticos. No entanto, até há pouco tempo, o caranguejo-da-lama era uma cultura acessória ou secundária na criação de camarão e de peixes de leite. Devido ao seu elevado valor de mercado e à sua rentabilidade, a aquicultura da sapateira recebeu um impulso no início da década de 1990. Nos últimos anos, foram envidados esforços consideráveis para desenvolver uma tecnologia eficaz de cultivo da sapateira. Qualquer indústria aquícola é composta por três fases sequenciais: produção de sementes, viveiro e cultivo. Esta nota de aula aborda vários aspectos do processo de crescimento dos caranguejos da lama. O sistema de aquacultura de caranguejo da lama em tanques compreende duas abordagens: 1) criação de caranguejos juvenis até ao tamanho comercializável e 2) engorda de caranguejos recém-malhados.

7.1. CULTIVO DE CARANGUEJOS JUVENIS CONCEPÇÃO DA EXPLORAÇÃO

Os tanques rectangulares com um tamanho que varia de 250 m^2 a 10.000 m^2 (1 ha) são adequados para a cultura de caranguejo de lama. Além disso, qualquer fazenda de camarão pode ser modificada para uma fazenda de caranguejo de lama. Embora os caranguejos da lama tolerem uma ampla gama de salinidade de 0 ppt a 40 ppt, a salinidade acima de 34 ppt e abaixo de 10 ppt é considerada menos adequada para a cultura em tanques. Se houver uma probabilidade de aumento da salinidade acima do nível ótimo nos meses de verão, recomenda-se a redução da salinidade através da diluição com água doce. Os tanques para caranguejos devem ter uma profundidade mínima de 1 m e, além disso, cada tanque deve ter 12 montes de terra (5 m^3). A superfície superior destes suportes deve estar acima da superfície da água. Estes montes constituem um espaço de respiração para os caranguejos quando o nível de oxigénio dissolvido nos tanques desce abaixo do nível ótimo. Os tanques devem ser vedados com uma rede de nylon para evitar a fuga dos caranguejos, que se deve estender no mínimo 50 cm acima da linha de água. Além disso, deve ser instalada uma faixa de plástico sobre a vedação (cerca de 30 cm de largura). A parte inferior da rede é enterrada 10 cm abaixo da base do cercado.

7.1. PREPARAÇÃO DO LAGO

As estratégias de preparação dos tanques geralmente utilizadas na aquacultura do camarão podem também ser adoptadas na aquacultura do caranguejo da lama. No entanto, acredita-se geralmente que não é necessária uma preparação meticulosa e rigorosa dos tanques. As instalações como redes de vedação, montes de terra devem ser consideradas. O tanque deve ser drenado e mantido durante uma semana. Se o tanque não for drenável, a praga deve ser erradicada através da aplicação de bolo de sementes de chá ou pó (15 a 30 ppm).

O procedimento adotado pelos agricultores para a preparação dos tanques não está disponível como no caso da aquacultura do camarão. Aqui nós fornecemos um protocolo usado pelos investigadores da SEAFDEC na sua cultura experimental (Trino et al. 2004). Pode ser modificado de acordo com o local e a localização da exploração. A calagem e fertilização é a melhor maneira de aumentar a produtividade natural do tanque. A calagem melhora a saúde geral do ecossistema do tanque. Existem vários tipos de materiais de calagem, sendo os mais comuns a cal agrícola, a cal queimada e a cal hidratada. Destes, a cal agrícola é considerada a melhor e pode ser aplicada a uma taxa de 1 tonelada por hectare. Os fertilizantes inorgânicos são aplicados para aumentar a produtividade do fitoplâncton nos tanques de aquacultura de camarão. No entanto, a utilidade da fertilização na aquacultura do caranguejo é inexistente. A fertilização pode ser feita com ureia a uma taxa de 25 kg/ha e fosfato de amónio a uma taxa de 50 kg/ha.

7.2. TRANSPORTE E ARMAZENAMENTO

Os produtores de caranguejo da lama dependem de pequenos caranguejos ou juvenis (25-50 g) provenientes de planícies entre marés, estuários e mangais para abastecer os tanques de cultivo. As actividades de manuseamento, embalagem e transporte causam stress aos animais. No entanto, os juvenis de caranguejo são relativamente fáceis de transportar utilizando um cesto de cana, uma caixa de cartão forrada com ervas marinhas húmidas ou folhas de mangue. As chelae são atadas para evitar lutas entre os caranguejos. No ar, os caranguejos da lama têm um tempo de vida de 218 dias quando embalados com algas marinhas húmidas, algodão ou aparas de madeira. O povoamento deve ser efectuado com sementes com apêndices intactos e sem ferimentos e as sementes devem ser de tamanho uniforme. A diferença de tamanho conduz ao canibalismo. As sementes devem ser armazenadas quando a temperatura da água é baixa; de manhã cedo ou ao fim da tarde, de preferência à noite. A densidade de povoamento na cultura do caranguejo da lama é geralmente muito inferior à da cultura do camarão. A densidade de povoamento tem um efeito importante no crescimento, sobrevivência e produção dos caranguejos e varia geralmente entre 0,5 e 3 caranguejos/m^2 . Foram efectuadas várias experiências para avaliar a densidade óptima de povoamento na aquicultura de caranguejos da lama. Trino et al (1999), das Filipinas, compararam o efeito de três níveis de densidade de povoamento (0,5, 1,5 e 3 caranguejos/m2) no desempenho do crescimento de espécies mistas de caranguejos da lama, Scylla serrata e Scylla tranquebarica (formas maiores). Embora não tenha havido diferença significativa na taxa de crescimento entre os diferentes grupos de densidade de povoamento, o tamanho da colheita mais elevado, a sobrevivência e a FCR eficiente foram significativamente mais elevados na densidade de povoamento mais baixa, tendo-se concluído que a cultura de caranguejos da lama a 0,5 e 1,5 caranguejos/m^2 é economicamente viável.

7.3. NUTRIÇÃO E ALIMENTAÇÃO

Apesar do interesse crescente pela aquicultura de caranguejos da lama, ainda não estão disponíveis dietas formuladas para caranguejos da lama em crescimento, embora institutos de investigação como o ClBA e o CMFRl estejam em várias fases de comercialização de rações formuladas para caranguejos. A gestão da alimentação é o elemento mais crucial para o sucesso da aquacultura, uma vez que a alimentação é o principal fator de produção da aquacultura de crustáceos, representando mais de 50% do custo operacional total.

A dieta natural do caranguejo da lama inclui principalmente crustáceos e moluscos, enquanto os restos de peixes de barbatana são muito escassos. Isto é principalmente devido à ineficiência dos caranguejos para se alimentarem das presas que se movem rapidamente. Nos tanques de cultura de crescimento, podem ser fornecidas fontes de proteínas baratas disponíveis localmente (peixes de lixo, moluscos) na proporção de 8-10% da biomassa. Os caranguejos podem ser alimentados com uma dieta mista de 25% de peixe capturado (peixe de lixo) e 75% de carne fresca de moluscos ou crustáceos. A biomassa de caranguejo pode ser estimada como o produto do peso corporal médio das unidades populacionais no compartimento e da percentagem de sobrevivência. Pode ser utilizada uma diminuição linear de 5% de 15 em 15 dias como hipótese de sobrevivência (Rodriguez et al., 2003). Rodriguez et al(2003) referem ainda que o crescimento dos caranguejos da lama é melhor quando são alimentados com carne de moluscos do que com peixe, embora os resultados não sejam significativos. Ao comparar o desempenho da produção de caranguejos da lama usando três tratamentos diferentes de alimentação, crustáceos, lixo de peixe e sem alimentação, Christensen et al (2004) não encontraram nenhuma diferença significativa entre os tratamentos. Concluíram que a biota endógena do sistema de cultura contribui com um nível significativo de nutrição para o caranguejo, uma vez que os seus dados não mostram qualquer diferença significativa entre os tanques alimentados e não alimentados. Também assumiram que a entrada de ração pode deteriorar as condições dos tanques alimentados e pode ser a razão da baixa sobrevivência dos caranguejos nesses tanques.

7.5. QUALIDADE DA ÁGUA

A profundidade da água deve ser mantida a um nível de 80-100 cm. A água deve ser reabastecida regularmente, Rodrigueiz et al (2003) e Trino et al (1999) sugerem que a água deve ser trocada três dias consecutivos durante a maré da primavera. Geralmente, a água deve ser renovada a uma taxa de 40% durante os primeiros meses, 50% durante o segundo mês e 60% durante o terceiro mês. As caraterísticas da qualidade da água devem ser controladas regularmente. O nível ótimo aceitável das caraterísticas de qualidade da água é indicado no quadro 9. Se a qualidade da água se mantiver dentro do nível ótimo, a troca de água não é necessária.

Quadro 8

Variáveis	Gama
Temperatura (°C)	23 - 33
Transparência (cm)	25 - 45
PH	7.5 - 8.5
Oxigénio dissolvido (ppm)	>3
salinidade (ppt)	10 - 35
Alcalinidade total (ppm)	200
Fosfato inorgânico dissolvido	0.1 - 0.2
Nitrato - N (ppm)	<0.03
Nitrito - N (ppm)	<0.01
Amoníaco - N (ppm)	<0.0 1
Cádmio (ppm)	<0.10
Crómio (ppm)	<0. 1
Cobre (ppm)	<0.025
Chumbo (ppm)	<0.1
Mercúrio (ppm)	<0.0001
Zinco (ppm)	<0.1

7.6. COLHEITA E PÓS-COLHEITA

O período de cultura é geralmente de 3 a 6 meses e é determinado principalmente pelo tamanho aquando da armazenagem e pela preferência e procura existentes no mercado. O período de cultura pode ser limitado a 60 dias, se os caranguejos com um tamanho de cerca de 250 g forem preferidos no mercado. No caso da S. tranquebarica, são necessários cerca de 150 dias para passar de um tamanho inicial de 25 g para um tamanho de colheita de 350 - 450 g, se a densidade de povoamento for de 1 caranguejo por m^2 . Para obter um tamanho de colheita de 800-1000 g, a cultura tem de ser prolongada até 7 meses. No caso da Scylla serrata, a duração da cultura será de 120 dias, com um tamanho inicial de 25 g e um tamanho de colheita de 200-300 g, se a densidade de povoamento for de 1 caranguejo por m^2 . Para obter tamanhos maiores (400-500 g), o período de cultura pode ser alargado para mais 3 meses. Este período varia consoante o crescimento e as condições ambientais. A colheita de caranguejos pode ser feita eficazmente num tanque alimentado pela maré, deixando entrar água no tanque através de uma comporta durante a maré alta. À medida que a água flui, os caranguejos da lama tendem a nadar contra a água que entra e se reúnem perto da comporta de onde podem ser apanhados com a ajuda de uma rede de colher. A colheita parcial pode ser efectuada com redes de arrasto com isco e gaiolas/armadilhas de bambu. Para uma colheita total e completa, os caranguejos devem ser apanhados à mão depois de se ter esvaziado completamente o tanque. Os caranguejos devem ser amarrados imediatamente após a sua captura, a fim de refrear os seus movimentos e evitar que lutem entre si e assim percam as suas pernas. A amarração é um processo em que um fio de nylon/juta é colocado entre a parte frontal do corpo e os quelípedes e é enrolado à volta dos dedos, depois de se manterem os quelípedes em posição de dobragem e, subsequentemente, ambas as extremidades da cabeça são colocadas num nó duplo na extremidade posterior do caranguejo. Os "caranguejos de água" encontrados na colheita final podem ser utilizados para fins de engorda. Os caranguejos amarrados devem ser inicialmente lavados com água do mar fresca e, subsequentemente, enviados para comercialização local depois de embalados em cestos de bambu, nos quais são mantidos em camadas, alternativamente com materiais como ervas marinhas molhadas ou aparas de madeira húmidas ou algodão embebido em água do mar para manter os caranguejos em condições frescas e húmidas. Os caranguejos exportados em estado vivo são mergulhados em água do mar fresca e embalados em caixas térmicas perfuradas para expedição aérea. A taxa de sobrevivência esperada durante a cultura é de cerca de 70 a 80 %. As sapateiras são geralmente vendidas vivas, tanto para consumo local como para exportação. Para efeitos de comercialização, os caranguejos da lama são classificados como "extra grandes" (1 kg e mais), "grandes" (500 g a 1 kg), "médios" (300 g a 500 g) e "pequenos" (200 g a 300 g). As fêmeas com ovário completamente desenvolvido são geralmente vendidas por um preço mais elevado. Os caranguejos de lama vivos e carnudos com peso superior a 300 g são considerados para exportação, enquanto os caranguejos vivos de tamanho inferior (menos de 300 g) e os caranguejos vivos que perderam as patas são vendidos nos mercados locais. Durante a comercialização, observa-se uma mortalidade de cerca de 20 % quando o transporte é efectuado por via marítima, enquanto o transporte por via aérea reduz a mortalidade para cerca de 5 a 10 %. O acondicionamento em contentores ventilados e isolados em vez de caixas de cartão, com 95 % de humidade relativa e uma temperatura de 16 - 20° C, reduzirá a mortalidade dos caranguejos da lama durante o transporte até 7 dias, reduzindo assim a mortalidade durante o transporte.

7.7. CRESCER: ENGORDA DO CARANGUEJO DA LAMA

A aquicultura do caranguejo da lama começou provavelmente com a engorda do caranguejo.

Trata-se de uma forma de aumentar o valor das capturas, mantendo-as durante um curto período de tempo para melhorar a sua comercialização (Ovaton e Macintosh, 1997). A cultura de crescimento do caranguejo da lama, em muitos casos, é meramente a engorda de caranguejos selvagens em tanques ou gaiolas por um período de 20 a 30 dias. A terminologia da engorda tem recebido um significado confuso entre o público. O objetivo da engorda é apenas permitir que os caranguejos desenvolvam uma carne firme e cascas endurecidas. Nalguns casos, para produzir caranguejos portadores de ovos, as fêmeas que mostram sinais precoces de desenvolvimento das gónadas são mantidas até estas amadurecerem. Essencialmente, a engorda melhora a qualidade da carne de caranguejo e, por sua vez, a comercialização dos produtos.

7.8. DESCRIÇÃO DA ACTIVIDADE AGRÍCOLA

As práticas gerais de cultura são idênticas às do cultivo baseado em caranguejos juvenis, exceto no que diz respeito à duração da cultura e às caraterísticas de tamanho do material de povoamento. Os caranguejos recém-transformados que são inaceitáveis para o mercado de exportação são utilizados como "semente" para o povoamento. Os recintos dos tanques são mais pequenos do que os tanques de criação de juvenis (100-200 m^2). No entanto, as redes e as vedações dos tanques são essencialmente idênticas às do sistema de crescimento dos juvenis. Os animais são alimentados com moluscos ou peixes capturados na proporção de 5-10% da biomassa. A água é reabastecida uma vez em 15 dias, dependendo da disponibilidade da fonte de água. A colheita selectiva é efectuada e, assim, o programa de engorda é contínuo durante todo o ano.

A engorda em tanques é considerada uma prática de aquicultura economicamente viável. Após a engorda em tanque, o preço de mercado do caranguejo aumenta consideravelmente.

A aquicultura do caranguejo da lama é uma das melhores formas de aquicultura rural que tem potencial para melhorar a condição socioeconómica das populações das aldeias.

CAPÍTULO 8

CULTURA DE OSTRAS MARINHAS COMESTÍVEIS

8. Introdução

Existem dois métodos de cultivo de ostras comestíveis - a técnica "off-bottom" e a técnica "on bottom". O primeiro utiliza gaiolas suspensas na coluna de água, enquanto o segundo utiliza o leito duro no fundo. A técnica de base, no entanto, permanece a mesma.

A seleção do local de cultivo é um aspeto muito importante. O local deve ter uma profundidade de, pelo menos, 1 a 2 m. Deve estar perto da foz do rio onde se encontra o leito natural das ostras. Isto é importante para a recolha de sementes. De preferência, o local não deve estar sujeito a uma forte ação das ondas, mas a sua água deve ser continuamente reabastecida pela ação das marés. Deve também ter um fundo rochoso duro. Deve estar livre de predadores (caranguejos, caracóis e lagostas) e de algas. Um excesso de algas provoca uma diminuição do oxigénio.

As sementes são recolhidas em bolsas de maré próximas do leito natural do stock de ostras. As culturas são colocadas sobre as quais as larvas veliger se fixam. O material a utilizar deve ser limpo e duro (concha de molusco, ladrilhos de cimento ou casca de coco). As culturas permanecem em água até que as larvas veliger se transformem em espatas de 30 mm de tamanho. Os espatos estão agora prontos para a criação. Estas são raspadas da cultura por meio de um raspador ou de um chiesel. Para recolher imediatamente as espatas, utilizam-se estantes ou tabuleiros que contêm azulejos revestidos de cal sobre os quais as espatas se depositam. A criação é efectuada em gaiolas até ao tamanho de 30 mm.

As espatas raspadas quando estão no estádio de 30 mm são transplantadas para gaiolas de ferro (40x 40x 15 cm) ou para sacos de nylon (30x 20 cm) (Thangavelu 1991), que são suspensos em prateleiras e criados durante 2 meses, isto é, até atingirem o tamanho de 50 mm. Agora os jovens são transferidos para tabuleiros (90x 60x 15 cm) colocados em prateleiras, onde são criados até atingirem o tamanho de 90 mm (100 g), altura em que estão prontos para serem comercializados. É necessário um ano para atingir o tamanho máximo com uma carne saborosa. A gestão é necessária para monitorizar as condições de salinidade, pH, DO e temperatura da água.

8.1. *Cultura de ostras marinhas de pérola*

A pesca de pérolas é uma atividade antiga na Índia, praticada há mais de dois mil anos. No entanto, o sector só se estabeleceu de forma organizada a partir de 1955. O método de cultura limita-se, sobretudo, a cuidar das reservas naturais de ostras de pérola através do método de cultura de fundo. Os bancos de pérolas, os leitos de pérolas e os santuários são geridos de modo a proporcionar toda a proteção contra a sobrepesca, a permitir a reprodução livre e o repovoamento dos leitos desnudados, etc. As ostras de pérolas que produzem pérolas de alta qualidade são Pinctada vulgaris, P. margaritifera, P. chemmitzi, P. anamioides e P. atropurpurea, todas elas marinhas. As ostras de pérola são gregárias e as suas congregações ocorrem em rochas e corais, a uma profundidade de 10-12 braças, a cerca de 20 km da costa, denominadas bancos de pérolas ou pars. Os bancos de pérolas da costa oriental são não só mais extensos, mas também mais produtivos, em comparação com os da costa ocidental. Na costa oriental, os bancos de pérolas estendem-se do cabo Comorin a Kilakarai, estando os melhores bancos situados no golfo de Manaar. As pérolas de Tholairam par, perto de Tuticorin, são muito famosas pelas suas pérolas de alta qualidade. Na costa ocidental, os bancos de pérolas encontram-se no golfo de Kutch e na baía de Palk, perto de Baroda. As ostras de pérolas vivem até cinco anos e atingem um diâmetro de cerca de 100 mm.

A pérola é composta pela mesma substância que a "madrepérola". A concha da ostra tem três camadas: o perióstraco (a mais externa), a prismática (a intermédia) e a nacarada ou "madrepérola" (a mais interna). A "madrepérola" é composta por carbonato de cálcio contido na gelatina da concha (conchyolin). Os cristais estão dispostos em lamelas e conferem à camada o seu aspeto branco brilhante e irridescente. A "madrepérola" é segregada pelas células especiais do manto. Uma pérola natural é segregada da mesma forma que a "madrepérola" pelo manto, mas é-o para revestir uma substância estranha que é acidentalmente colocada sob o manto e que serve de "núcleo" para o revestimento. Assim, a formação da pérola é uma medida de proteção tomada pela ostra para reduzir a irritação causada pela substância estranha, que pode ser qualquer coisa como uma partícula de areia ou de lodo, um parasita, um pequeno animal ou alga ou mesmo um pedaço de concha. A matéria nacarada deposita-se em várias camadas concêntricas. A irridescência da pérola é produzida pela reflexão da luz incidente nas diferentes camadas.

O processo natural de formação de pérolas acima descrito é utilizado na produção em massa de pérolas por métodos de cultura, com base na teoria do saco de pérolas. Trata-se de um processo em duas fases. Na primeira, as ostras de pérola são criadas por métodos de cultura em jangada a partir da fase de espadilha. Na segunda, as ostras são apanhadas, é inserido um núcleo no tecido subcutâneo do manto e a ostra é devolvida ao fundo do mar. O núcleo é constituído por pérolas de "madrepérola" envolvidas no parênquima do manto retirado de uma ostra viva. Os mergulhadores efectuam todo o processo de transformação, bem como a colheita das pérolas. Quando as ostras maduras são colhidas, deixa-se que se decomponham, abrem-se e lavam-se para obter a pérola. O núcleo da concha, juntamente com a faixa do manto, constitui o enxerto, que é inserido cirurgicamente no tecido conjuntivo da gónada (entre a ansa do intestino enrolado que nela se encontra), evitando danificar o intestino. As pérolas formadas são livres, redondas e grandes (6 mm).

8.2. Cultura de ostras de água doce

As ostras de pérolas de água doce são muito raras; entre estas, destacam-se as vieiras que se encontram no rio Mississippi dos EUA e em alguns rios da Índia, incluindo um em Allahabad. Nove espécies de mexilhões pertencentes ao género Lamellidens (Fam. Unionidae) e trinta e cinco espécies do género Parreysia (Fam. Amblemidae) são economicamente importantes. No entanto, as mais importantes são L. marginalis. L.corrianus e P. corrugala que possuem uma boa "madrepérola" na concha. Os mexilhões habitam águas estagnadas e de fluxo lento de lagoas, tanques, lagos, reservatórios e rios. Vivem a uma profundidade superior a meio metro. São predominantes três tipos de métodos de cultura;

8.3. Inserção na cavidade do manto:

O núcleo é constituído por uma pérola de concha e está inserido entre o manto e a concha. A secreção de nácar sobre o núcleo produz uma meia pérola que é extraída. A superfície extraída (superfície plana) é depois esmerilada e polida por um lapidário (qualquer objeto figurativo, se utilizado como núcleo, é revestido de forma semelhante).

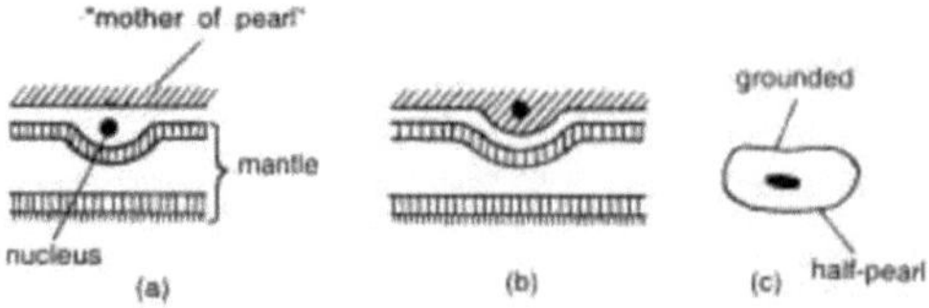

Figura 34: Método de inserção da cavidade do manto

8.3.1. Inserção de tecido do manto:

O núcleo da concha, juntamente com uma tira de manto, formam um enxerto que é inserido cirurgicamente. Primeiro, é feito um orifício no manto do hospedeiro e, em seguida, o enxerto é implantado nele. São efectuados vinte a quarenta implantes deste tipo num hospedeiro. No total, são sacrificados dois "mexilhões celulares" para obter os enxertos necessários para a implantação nos três hospedeiros chamados "mexilhões de operação". As pérolas formadas são livres, pequenas, redondas ou esféricas.

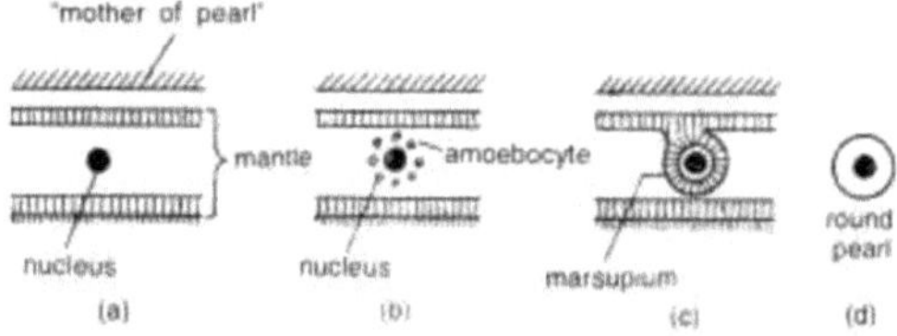

Figura 35: Inserção do tecido do manto

8.3.2. Inserção gonadal :

O método utilizado é o mesmo que o utilizado na cultura de pérolas marinhas. No entanto, no caso da cultura de pérolas de água doce, este método é mais difícil, pois o espaço para a implantação do enxerto na gónada é muito reduzido.

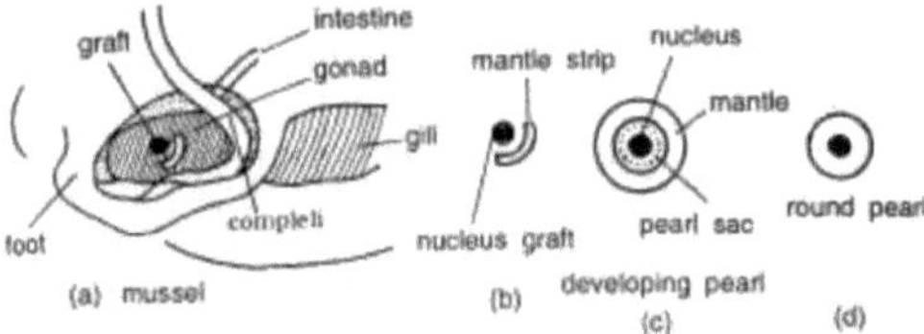

Figura 36: Inserção da gónada

O tempo necessário para a formação de uma pérola é de cerca de 3 anos. A cultura de pérolas em água doce é uma prática relativamente recente na Índia. No entanto, o comércio está a florescer. Os dados económicos revelam que, há alguns anos, uma unidade de tanque assegurava, em média, um lucro de 7000 rupias por 0,4 hectare e por ano. O preço de venda era de 5,00 rupias por pérola pequena. É igualmente efectuada a importação de pérolas cultivadas em bruto da China e do Japão, cuja transformação posterior é concluída na Índia. Estas pérolas são vendidas sob a designação comercial de "pérolas de Hyderabad". Também se procede à coloração artificial das pérolas cultivadas. Para tornar a pérola negra, esta é mergulhada em $AgNO3$

CAPÍTULO 9

PEIXES TRANSGÉNICOS

9. Introdução

O peixe transgénico é aquele que transporta um ou mais genes estranhos. Os genes estranhos são incorporados seletivamente por microinjecção no ovo, com vista a produzir linhas de peixes transgénicos portadores desses genes estranhos.

Nos anos 70, foram feitos progressos na engenharia genética para isolar genes eucarióticos e, nos anos 80, foi possível microinjectar esses genes em ovos de animais para produzir animais transgénicos. A técnica foi aplicada aos peixes muito mais tarde. No entanto, registaram-se alguns progressos significativos com potencial para aplicação nas pescas. Em 1989, foram produzidos mais de uma dúzia de peixes transgénicos. Alguns exemplos flagrantes incluem:

Salmão transgénico do Atlântico (ou truta arco-íris ou guelra azul) no qual foi transformado o gene da proteína anticongelante das solhas polares. O objetivo é promover a resistência do salmão às baixas temperaturas das águas geladas, de modo a que o habitat do salmão possa ser alargado às águas polares.

Peixes alimentares transgénicos (truta, tilápia, peixe-gato, etc.) para os quais foi transferido o gene da hormona de crescimento de seres humanos, ratos ou outros mamíferos, com vista a aumentar a produção desses peixes.

A transgenia em peixes é comparativamente difícil devido à dureza do córion do ovo, que impede a microinjecção. Para a microinjecção, é necessário efetuar uma punção prévia ou utilizar uma micropilha ou uma digestão local com tripsina. Até agora, nenhuma experiência de transgenia em peixes conseguiu combinar com sucesso as três etapas de integração, transmissão na linha germinal e expressão (Ozato et al 1989). A fertilização é externa, não sendo necessário recorrer a uma mãe de aluguer. A injeção de citoplasma é mais fácil do que a injeção do pró-núcleo. Além disso, a taxa de sobrevivência dos embriões experimentais é mais elevada.

Dois peixes foram considerados os mais adequados para a transgenia. O peixe-zebra (Brachydanio reiro) e a medaka (Oryzias sp.). Aliás, ambos têm córion transparente que facilita a microinjecção. O peixe-zebra é um pequeno peixe de água doce que põe algumas centenas de ovos por semana. O tempo de maturação também é curto (cerca de 3 a 4 meses). A Medaka é também um peixe muito pequeno (3 cm de tamanho), que vive em água doce, tem uma esperança de vida de 2 anos e desova durante todo o ano. O peixe amadurece em três meses e é atualmente o único peixe para o qual foram estabelecidas várias estirpes consanguíneas. O embrião experimental tem uma elevada taxa de sobrevivência. O mais importante é o facto de a expressão do gene estrangeiro incorporado ter sido conseguida pelo menos durante o desenvolvimento (por exemplo, o caso do gene da proteína do cristalino da lente do olho).

Há várias formas de produzir peixes transgénicos. Uma molécula de ADN de peixe ou um gene estranho (gene humano ou bovino) é transferido para o óvulo fertilizado por microinjecção, electroporação ou infeção retro viral. A micro-injeção no neucleoplasma ou no citoplasma é uma tarefa complicada e difícil. Na electroporação, é utilizado um impulso elétrico para tornar a membrana do óvulo permeável, embora transitoriamente. Na técnica de infeção retroviral, a sequência de ADN é primeiro incorporada no genoma viral e depois, através do vírus, é transformada no hospedeiro por infeção.

9.1. Aplicação

Para além da utilização de transgénicos na seleção de caraterísticas superiores desejadas, os transgénicos também ajudaram na produção de super peixes, super machos e fêmeas. Estas formas devem o seu tamanho gigante à introdução e incorporação de genes de promoção do crescimento anabólico, como o gene da hormona de crescimento bovina ou o gene da hormona de crescimento humana. A China produziu botias gigantes semelhantes a ratos gigantes e ovelhas gigantes produzidas por micro-injeção do gene da hormona de crescimento humano. Este aspeto tem grande aplicação na pesca. Do ponto de vista da piscicultura, o crescimento somático dos peixes de aquacultura pode ser prolongado e acelerado através da introdução do gene da hormona de crescimento bovina ou humana.

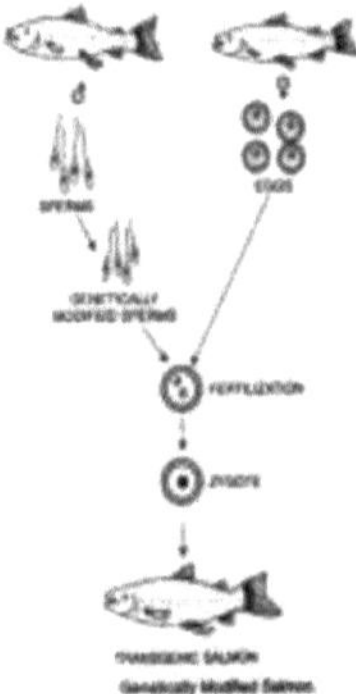

Figura 37: Um peixe transgénico

O objetivo dos transgénicos é produzir um "peixe de cultura ideal", que pode ser considerado como um peixe com caraterísticas desejáveis e superiores. Pode pensar-se que esse "peixe de sonho" combina as seguintes caraterísticas com sabor e valor alimentar:

-crescimento rápido

-maquilhagem gorda (tamanho maior e peso mais pesado)

-maior longevidade

-hábito alimentar relativamente omnívoro

-maior fecundidade

-maior adaptabilidade nas fases de desenvolvimento

- mais dificilmente
- mais resistente às doenças , aos biocidas (insecticidas e pesticidas) e aos poluentes
- Ausência de espinhas de peixe e de outras caraterísticas indesejáveis.

CAPÍTULO 10

REPRODUÇÃO INDUZIDA EM PEIXES

10. INTRODUÇÃO

Atualmente, a carência de proteínas é o problema mais grave de má nutrição humana e cerca de 30-40% da população mundial sofre de carência de proteínas. Os peixes reproduzem-se naturalmente nos rios. A recolha de sementes de peixe do seu local natural de desova, tais como rios, lagoas e charcos, etc., não só envolve problemas relacionados com a recolha e o transporte, mas também o perigo de se misturarem com as crias de peixes predadores. Embora se tenha muito cuidado em identificar as sementes de peixe através da adoção de vários métodos, a separação é por vezes muito difícil. Para ultrapassar estas dificuldades, foi desenvolvida a reprodução induzida por hipofisação.

A reprodução induzida é uma técnica através da qual os peixes maduros são estimulados, por injeção de hormonas hipofisárias, a reproduzir-se em cativeiro. A estimulação promove uma libertação atempada de ovos e espermatozóides das gónadas maduras. Os factores activos são a LH e a FSH presentes na pituitária dos peixes.

10.1. História do tratamento da hipófise

A ideia da hormona pituitária nos peixes teve o seu início com as descobertas de Houssay em 1930 na Argentina. Quando peixes vivíparos foram injectados com glândula pituitária de peixe fresco, ocorreu um nascimento prematuro.

Em 1934, investigadores brasileiros conseguiram induzir a ovulação através da injeção da glândula pituitária. Desde então, a técnica foi desenvolvida e amplamente utilizada. A Rússia, a China e a Índia foram os outros países onde o método de hipofisação foi amplamente praticado a partir da década de 1950.

Na Índia, a primeira tentativa foi efectuada por Hamid Khan em 1937 com Cirrhina mrigala. Mais tarde, em 1955, Choudhuri experimentou-o em carpas menores. O extrato da glândula pituitária da mesma espécie de peixe dá bons resultados. O extrato de hipófise dos seguintes peixes de água doce cultiváveis é habitualmente utilizado.

- *Catla catla (Catla)*

L *Labeo rohita* (Rohu)

- *Cirrhina mrigala* (Mrigal)
- *Labeo calbasu* (Calbasu)
- *Cyprinus carpio* (carpa comum)

10.2. Glândula pituitária de peixe

A glândula pituitária dos peixes é um pequeno corpo situado ventralmente ao cérebro propriamente dito, numa concavidade do pavimento da caixa cerebral, e está ligada ao cérebro por meio de um pedúnculo. Tal como os vertebrados superiores, a hipófise dos peixes também controla direta ou indiretamente uma vasta gama de

Os peixes são responsáveis por uma variedade de processos fisiológicos através da secreção de várias hormonas. As mais importantes são as hormonas estimulantes das gónadas (FSH e LH) que participam na estimulação do desenvolvimento e maturidade dos órgãos sexuais e induzem a desova nos peixes.

10.3. Mecanismo de reprodução induzida:

A injeção de hormonas é o método mais comum de reprodução induzida, em que o extrato de pituitária injetado nos reprodutores maduros (tanto machos como fêmeas) os força a desovar. Este tipo de reprodução induzida depende da dosagem da injeção, do estado de maturidade dos reprodutores e de factores ambientais como a temperatura, as correntes de água e a chuva, etc. O mecanismo pode ser completado nas seguintes etapas.

- Seleção dos criadores.
- Separação dos criadores.
- Povoamento dos reprodutores.
- Manutenção dos criadores.
- Extração da glândula pituitária.
- Armazenamento da glândula pituitária.
- Preparação do extrato de hipófise e conservação.
- Injeção ou administração de extrato de hipófise.
- Recolha de ovos fertilizados e transferência para o hapa de incubação.

10.4. Seleção dos criadores:

A seleção adequada dos reprodutores é a chave do sucesso da criação induzida. Os reprodutores devem ser saudáveis, completamente maduros e de tamanho médio. Os reprodutores devem, de preferência, pertencer ao grupo etário dos dois aos quatro anos e ter um peso que varia entre 1-5 kg. Os reprodutores de grande porte são evitados devido à dificuldade de manuseamento. As carpas macho e fêmea completamente maduras são facilmente distinguíveis. O macho apresenta uma aspereza na barbatana peitoral e, quando o seu ventre é pressionado, o esperma escorre livremente. A fêmea madura apresenta um ventre relativamente macio, redondo e saliente e o seu respiradouro é inchado, saliente e de cor rosada. É mais sensato manter um stock adequado de potenciais reprodutores.

10.4.1. Segregação dos criadores:

Para garantir uma maior percentagem de fertilização durante a postura induzida, é necessário que haja sincronização entre a ovulação e a libertação de esperma. A sincronização é um processo pelo qual a libertação do esperma e do óvulo ocorre ao mesmo tempo.

Para criar os reprodutores na quinta, os peixes machos e fêmeas de 2-4 anos são aninhados e colocados no tanque. Os indivíduos de sexos opostos são mantidos separadamente nos tanques.

Para manter os criadores saudáveis e livres de infecções, são tomadas as medidas adequadas a seguir indicadas.

Se, durante a transmissão, os peixes forem feridos com 20% de KMnO4, a solução é aplicada nas feridas, tendo em conta que o KMn04 é tóxico em concentrações elevadas e que as guelras nunca entram em contacto com a solução.

Para controlar o crescimento de bactérias, protozoários parasitas e fungos, os reprodutores são tratados com 10 ppm de solução KMn04 durante uma hora e depois com 15 ppm de formalina e 1 ppm de acriflavina durante mais 5-12 horas, em tanques separados. Estas soluções matam as bactérias, os protozoários, os fungos e outros parasitas.

As condições físico-químicas e biológicas da água são regularmente verificadas e mantidas de acordo com as espécies de peixes selecionadas para o efeito.

10.4.2. Armazenamento de reprodutores

O povoamento de reprodutores e a sua criação são necessários para o êxito do programa de produção de sementes em várias incubadoras. É necessário alimentá-los com alimentos adequados para a maturação das gónadas.

10.4.2.1. Recolha de alevins

Os alevins de carpas são também recolhidos de fontes ribeirinhas durante a época das cheias em zonas pouco profundas nas margens dos rios para fins de cultura. Mas essas sementes têm o problema de serem de vários tamanhos e também contêm sementes de diferentes espécies. Por isso, o ideal é usar sementes de boa qualidade produzidas em incubadoras para a aquicultura.

10.4.2.2. Recolha de semente

Os recém-nascidos da carpa saem dos ovos em 18 a 24 horas, medem cerca de 5-7 mm de comprimento e utilizam a gema para crescer. Em seguida, tornam-se crias e são colocadas em viveiros durante cerca de duas semanas (no caso das carpas) para se tornarem alevins por criação.

10.4.2.3. Recolha de juvenis e alevins

Os alevins são criados durante cerca de três meses para se tornarem juvenis em tanques de criação. São recolhidos por redes de arrasto desses tanques em explorações de sementes. Os alevins são também recolhidos por redes de fundição, armadilhas ou tecido de musselina fina, enquanto saltam para atravessar as barreiras de irrigação nos rios.

10.4.2.4. Manutenção dos reprodutores

As grandes carpas indianas são geralmente criadas em explorações piscícolas. Normalmente, as carpas de 2-4 anos de idade são recolhidas e colocadas em tanques de criação à razão de 1000-2000 kg por hectare, alguns meses antes da época de reprodução dos peixes. São alimentadas com quantidades iguais de farelo de arroz e bolos de óleo à razão de 1% do peso corporal por dia. Ocasionalmente são efectuados controlos para examinar o estado geral e o estado de maturidade dos reprodutores. Os reprodutores machos e fêmeas são mantidos em tanques separados.

10.5. Extração da glândula pituitária

10.6. A glândula pituitária está situada na parte ventral do cérebro, logo abaixo do hipotálamo.

10.7. Ao retirar a glândula, o lado dorsal da cabeça é primeiro cortado com uma faca.

10.8. O cérebro assim exposto é cuidadosamente retirado, separando-o dos nervos. Na maior parte dos ciprinídeos, quando o cérebro é retirado, a glândula é deixada no chão da caixa do cérebro.

10.9. A dura-máter que cobre a glândula é então cuidadosamente removida com uma agulha fina e uma pinça.

10.10. A glândula exposta é então recolhida intacta sem lhe causar qualquer dano, uma vez que glândulas danificadas ou partidas resultam em perda de potência.

10.11. As glândulas também são recolhidas através do foramen magnum. Neste método de recolha de glândulas, é necessário que o peixe seja completamente decapitado.

10.12. Enquanto se abre o peixe e se recolhe a glândula pituitária, ocorre uma hemorragia. Para limpar o sangue, o peixe deve ser limpo com algodão ou papel absorvente. Se se utilizar água para limpar a glândula, a sua composição química será enfraquecida e facilmente solúvel em água.

10.13. Entre os factores internos, a hormona estimulante sexual da glândula pituitária desempenha um papel importante no desenvolvimento e maturação das gónadas e na desova dos peixes.

1.1.1. . Armazenamento da glândula pituitária

As glândulas recolhidas devem ser imediatamente conservadas, uma vez que as glicoproteínas ou mucoproteínas nelas contidas são degradadas pela ação enzimática.

As glândulas pituitárias podem ser preservadas por três métodos.

- Álcool absoluto
- Acetona e
- Congelação
- A preservação da hipófise de peixe em álcool absoluto é preferida na Índia

1.1.2. . Procedimento de preservação

1.1.2.1. . Álcool Absoluto

- As glândulas, após a recolha, são imediatamente colocadas em álcool absoluto para desengorduramento e desidratação.
- Cada glândula é conservada num frasco separado, marcado com uma série para facilitar a identificação.
- Após 24 horas, as glândulas são lavadas com álcool absoluto e mantidas novamente em álcool absoluto fresco em frascos de cor escura e armazenadas à temperatura ambiente ou no frigorífico.
- O consumo ocasional de álcool ajuda a manter as glândulas em bom estado durante períodos mais longos.
- Para evitar a entrada de humidade nas ampolas, estas podem ser conservadas em exsicadores que contenham cloreto de cálcio anidro.
- É preferível conservar as glândulas no frigorífico. Podem ser conservadas no frigorífico até 2-3 anos e à temperatura ambiente até um ano.

Acetona

- É também um bom conservante. Neste método, logo após a colheita, as glândulas são mantidas em acetona fresca ou em acetona seca e refrigerada no frigorífico durante 36-48 horas.
- Durante este período, a acetona é mudada 2-3 vezes, com intervalos de cerca de 8-12 horas, para uma desidratação e desengorduramento adequados.
- As glândulas são então retiradas da acetona, colocadas num papel de filtro e deixadas a secar à temperatura ambiente durante uma hora.
- Em seguida, são conservados no frigorífico, de preferência em exsicadores que contenham

cloreto de cálcio ou qualquer outro agente de secagem.

1.1.2.2. . Congelação da glândula

- Logo após a remoção da glândula, devem ser armazenados no frigorífico. Mas este método não é muito utilizado.

1.1.2.3. . Preparação do extrato hipofisário e conservação

- As glândulas conservadas são pesadas. Isto é essencial para determinar com exatidão a dose a administrar de acordo com o peso dos reprodutores.
- O peso da glândula pode ser medido individualmente ou em grupo. Para obter um peso mais exato, a glândula deve ser pesada dois minutos depois de ter sido retirada do álcool.
- O extrato hipofisário deve ser preparado imediatamente antes do momento da injeção.
- A quantidade de glândula necessária para a injeção é inicialmente calculada a partir do peso do reprodutor a injetar.
- As glândulas são então selecionadas e a quantidade necessária de glândulas é retirada das ampolas.
- Deixa-se evaporar o álcool, se as glândulas forem conservadas em álcool.
- As glândulas secas com acetona são imediatamente retiradas das ampolas para maceração.
- As glândulas são então maceradas num homogeneizador de tecidos, adicionando-se uma quantidade medida de água destilada ou solução salina comum ou qualquer solução fisiológica isotónica com o sangue do peixe recetor.
- Os resultados bem sucedidos da reprodução induzida nas carpas principais indianas foram obtidos até à data com água destilada e uma solução de sal comum a 0,3%.
- A concentração do extrato é geralmente mantida na gama de 1-4 mg de glândula por 0,1 ml do meio, isto é, à taxa de 20-30 gm. da glândula em 1,0 ml do meio.
- Após a homogeneização, a suspensão é transferida para um tubo de centrifugação. Durante a transferência, o homogenato deve ser bem agitado para que as partículas da glândula que estão a ser misturadas com a solução assentem e entrem no tubo de centrifugação.
- O extrato contido no tubo é centrifugado e o líquido sobrenadante é introduzido numa seringa hipodérmica para injeção.
- O extrato de hipófise também pode ser preparado a granel e conservado em glicerina (1 parte de extrato com 2 partes de glicerina) antes da época de reprodução dos peixes, de forma a evitar a preparação do extrato todas as vezes antes da injeção.
- O extrato de caldo deve ser sempre conservado no frigorífico ou em gelo.

1.1.2.4. . Injeção ou administração de extrato de hipófise

- A injeção intra-muscular é a prática mais comum na Índia e é menos arriscada em comparação com os outros métodos.
- As injecções intra-peritoneais são geralmente administradas através das regiões moles do corpo, geralmente na base da barbatana pélvica ou, por vezes, na base da barbatana peitoral.
- A injeção intra-peritonial pode causar danos nos órgãos internos, especialmente nas gónadas distendidas em peixes completamente maduros.
- As injecções são geralmente administradas no pedúnculo caudal ou nas regiões do ombro

perto da base da barbatana dorsal.

- Ao administrar injecções às carpas, a agulha é inserida sob uma escama, mantendo-a inicialmente paralela ao corpo do peixe e, em seguida, perfurada no músculo num ângulo de 450.
- As injecções podem ser administradas a qualquer hora do dia ou da noite. Mas como a baixa temperatura é útil e a noite permanece comparativamente mais calma, as injecções são geralmente administradas no fim da tarde ou à noite, com horários ajustados de forma a que o peixe possa usar a quietude da noite para desovar sem ser perturbado.
- A seringa hipodérmica mais conveniente para o efeito é uma seringa de 2 cc com graduações de 0,1 cc de divisão.
- O tamanho da agulha da seringa depende do tamanho dos reprodutores a injetar. A agulha n.º 22 é convenientemente utilizada para carpas de 1-3 kg, a n.º 19 para carpas maiores e a n.º 24 pode ser utilizada para carpas mais pequenas.
- A utilização de anestésicos durante a injeção aumentaria significativamente a sobrevivência dos peixes reprodutores. Os anestésicos habitualmente utilizados são o MS 222 e o Quinaldine.
- O MS 222 pode ser adicionado à água em doses de 50-100 mg/litro. A quinaldina é utilizada na dose de 50-100 mg/litro.

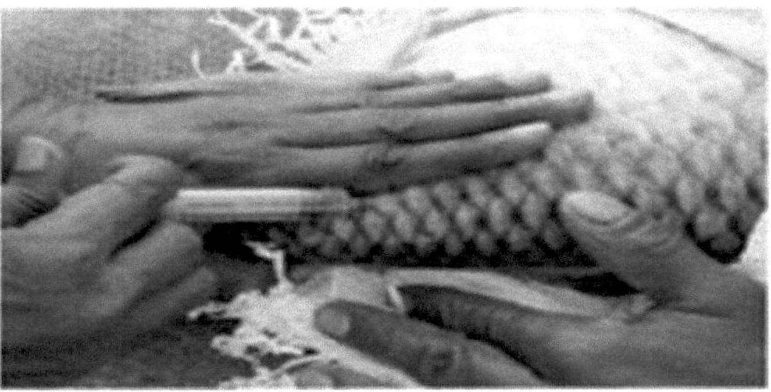

Figura 38: Injeção intra-muscular

10.6. Recolha de ovos fertilizados

-Os ovos fecundados são recolhidos com um balde ou caneca de plástico.

-Em seguida, transferir para outro balde.

-Os ovos recolhidos são transferidos para um hapa de incubação (interior). O hapa de eclosão é constituído por duas metades distintas, a interna e a externa.

-As hapas de incubação têm medidas médias de 2 x 1 x 1 m para a hapa exterior e de 1,75 x 0,75 x 0,5 m para a interior.

Passadas 24 horas, cada embrião eclode e transforma-se num recém-nascido. Depois de 24 horas, cada embrião eclode e se transforma em um filhote. Em seguida, os filhotes passam pelo pano da rede mosquiteira e são colocados no hapa de eclosão externo. O hapa interior contém apenas as cascas do embrião e o hapa exterior contém os recém-nascidos.

Figura 39: Um hapa em incubação

10.7. Utilização de hormonas naturais e sintéticas na reprodução induzida de peixes

Depois da introdução da hipofisação, vários métodos de indução artificial por vários extractos de hormonas foram praticados para a reprodução dos peixes. Estes métodos são mencionados a seguir:

- Gonadotropina coriónica humana (HCG)
- "Sumaach" e Synahorin
- Synahorin
- Ovaprim (gonadotropina de salmão RH)
- Pimozida e LH RH-A
- DOCA (II-Desoxicorticosterona - acetato)

10.8. Factores que influenciam a reprodução induzida

Luz: A luz é um fator importante no controlo da reprodução dos peixes. A maturação precoce e a desova dos peixes ocorrem como resultado de regiões fotoperiódicas melhoradas.

Temperatura: Todas as observações mostram que existem intervalos de temperatura óptimos para a reprodução induzida de peixes cultivados e limites críticos de temperatura, acima e abaixo dos quais a reprodução dos peixes é afetada.

Oxigénio dissolvido (DO2): O oxigénio dissolvido ideal é o mais importante para a eclosão, uma vez que esta requer mais oxigénio.

Corrente de água e chuva: A chuva torna-se um pré-requisito para a desova das grandes carpas, mesmo quando estas são injectadas com extrato de pituitária.

Época das chuvas: Mais monção, mais chuva, mais corrente, mais estimulação, mais maturação ou mais atividade gonadal.

Tempo nublado: O sucesso da desova da maioria dos peixes tem sido induzido em dias nublados e chuvosos, especialmente depois de chuva forte. Este fator é altamente essencial porque o tempo é muito fresco e também o tempo nublado atrai os peixes.

pH: As carpas reproduzem-se numa gama bastante ampla de pH. Para uma reprodução bem sucedida é necessário um pH alcalino.

10.9. Vantagens da reprodução induzida

- Pode ser produzida uma semente de peixe de alta qualidade de uma determinada espécie.
- Os peixes com uma taxa de crescimento máxima podem ser produzidos através de manipulações genéticas.

- Pode ser produzido um grande número de sementes consoante as necessidades.
- De cada vez, podem ser criados vários reprodutores num único local com diferentes tipos de espécies.
- Os híbridos com elevada taxa de crescimento podem ser produzidos por indução artificial e pela aplicação de várias técnicas genéticas como a ginegénese, a androgénese, a inversão do sexo, etc.
- Exemplo: Jayanti (carpa) : Trata-se de uma carpa produzida no CIFA (Instituto Central de Aquicultura de Água Doce) segundo a técnica escandinava de reprodução induzida.
- A semente pode ser produzida com base no tempo e no local da procura.

- Pode sugerir-se que se dê mais ênfase ao desenvolvimento da técnica de reprodução induzida de peixes e à sua popularização em todo o país, porque o primeiro e principal pré-requisito para o sucesso do cultivo intensivo de peixes e para o desenvolvimento da pesca interior é a garantia de um fornecimento de sementes de peixes de qualidade pura. Este método deve ser utilizado de forma lucrativa na criação de importantes variedades económicas de peixes estuarinos e na obtenção de sementes para a piscicultura de água salobra.

CAPÍTULO 11

CUIDADOS PARENTAIS NOS PEIXES

11. Cortejo

O cortejo da fêmea pelo macho consiste em nadar às voltas na sua proximidade, durante o qual o macho exibe as suas cores brilhantes. Algumas espécies exibem este facto com grande beleza, como é o caso do peixe lutador siamês, Betta. O macho desta espécie, de cores brilhantes, nada à volta da fêmea, com as suas belas barbatanas coloridas completamente estendidas, a boca bem aberta e os raios branquiais salientes, expondo as guelras vermelhas brilhantes. Os machos ficam tão excitados durante a época de reprodução que lutam com outros machos, causando danos consideráveis uns aos outros. Os machos de certos góbios também lutam entre si e o vencedor mostra as suas cores vivas à fêmea.

O dragão comum, Callionymus, também se entrega a uma elaborada exibição sexual, mas os ovos são abandonados após a desova e os pais não cuidam deles. Os machos e as fêmeas deste peixe apresentam um dimorfismo bem marcado. Os machos são amarelos ou cor de laranja, com riscas azuis profundas nos lados e uma fila de manchas azuis ou verdes. A fêmea é castanha-amarelada com manchas verdes. Durante o cortejo, o macho nada à volta da fêmea num estado de excitação e exibe as suas cores brilhantes. Este facto estimula a fêmea, que dá sinal da sua vontade de acasalar. O macho levanta a fêmea, colocando as suas barbatanas pélvicas por baixo dela. No início, o par nada obliquamente lado a lado em direção à superfície da água. Mais tarde, a sua posição muda e nadam verticalmente para cima. As barbatanas anais dos dois peixes formam uma calha para onde são lançados os óvulos e os espermatozóides. Os óvulos fertilizados flutuam livremente até à superfície, onde se desenvolvem.

11.1. Cuidados parentais

O cuidado parental pode ser definido como uma associação entre os pais e os descendentes, de modo a aumentar as hipóteses de sobrevivência dos jovens e, nos peixes, inclui todos os cuidados pós-desova dos descendentes por parte dos pais. Muitas espécies não cuidam dos seus ovos e abandonam os locais de desova logo após a fertilização. Mas algumas espécies desenvolveram vários métodos para assegurar o desenvolvimento adequado dos ovos, que podem ser protegidos por um ou ambos os sexos. Estes métodos incluem a seleção de um local adequado, a construção de ninhos e vários outros métodos de proteção das larvas.

As espécies que não apresentam qualquer dispositivo especial para a segurança dos óvulos, produzem geralmente um grande número de ovos para aumentar as hipóteses de sobrevivência de pelo menos alguns deles. Os ovos de muitas espécies possuem vários mecanismos de fixação a pedras, seixos ou vegetação aquática, de modo a evitar que sejam arrastados pela corrente da água.

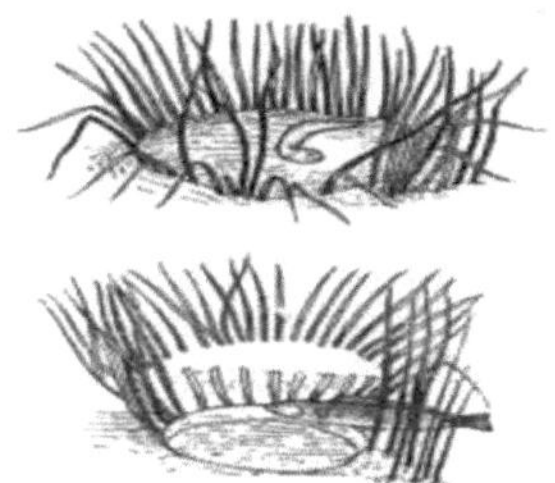
Figura 40: Amia e o seu ninho

11.2. Construção de ninhos:

Alguns peixes preparam ninhos rudimentares para a postura dos ovos. Inicialmente é selecionado um local adequado para a preparação do ninho e algumas espécies podem defender esse local até à morte. Os machos de muitas espécies, como os Darters (Etheostoma), os peixes-sol e os ciclídeos, preparam um ninho pouco profundo, em forma de bacia, e todas as pedras e seixos são cuidadosamente removidos do seu fundo. Os ovos são postos no ninho e o macho, depois de os fertilizar, fica a guardá-los até ao nascimento dos jovens. Algumas espécies, no entanto, deixam os ninhos desprotegidos.

Os peixes da família Salmonidae apresentam o tipo mais primitivo de cuidados parentais. A fêmea faz um sulco no fundo de um riacho para depositar os ovos, que são depois cobertos por uma camada de cascalho fino. Arius australis, que vive nos rios de Queensland (Austrália), deposita os seus ovos em escavações circulares no leito arenoso do rio e cobre-os com uma camada de pedras maiores. Mas em ambas as espécies, os progenitores não se interessam mais pelos juvenis. Os ciprinídeos americanos, conhecidos por chubs, preparam ninhos mais elaborados a partir de montes de pedras, mas também aqui os pais não se preocupam com as crias após a postura dos ovos. Nos peixes-sol de água doce, o macho prepara um ninho em forma de bacia, escavando o fundo do qual retira todos os seixos e pedras. O macho guarda os ovos fertilizados até ao nascimento dos jovens.

O peixe pulmonado africano Protopterus, prepara um ninho simples sob a forma de um buraco profundo em locais pantanosos ao longo das margens dos rios. O macho prepara o ninho e, após a desova, vigia-o, arejando ocasionalmente a água com os seus movimentos lentos. O peixe-pulmão sul-americano Lepidosiren, também prepara um ninho sob a forma de uma toca em locais pantanosos, e o macho desenvolve filamentos altamente vascularizados nas barbatanas pélvicas, que provavelmente servem para segregar oxigénio na água circundante.

Muitos peixes de água doce preparam o seu ninho abrindo espaço entre a vegetação aquática. O macho de barbatana arqueada (Amia) prepara um ninho circular rudimentar entre a vegetação aquática. Os óvulos fertilizados são protegidos pelo macho que guarda o ninho até ao nascimento das crias. As crias podem sair do ninho sob a proteção do pai. Tanto o macho como a fêmea de alguns peixes-gato da América do Norte (Amiuridae) preparam um ninho rudimentar na lama para a postura dos ovos. O ninho é por vezes revestido de uma cobertura protetora de troncos, pedras, etc.

Um dos mormirídeos (Gymnarchus), constrói um ninho flutuante de grandes dimensões, cujas paredes se projectam vários centímetros acima da superfície da água nos dois lados e numa das extremidades, enquanto a extremidade oposta forma a entrada e está cerca de 15 centímetros abaixo da superfície da água.

Figura 41: Gasterosteus aculeatus

O macho do peixe-galo de três espinhas, Gasterosteus aculeatus, prepara um ninho elaborado antes de iniciar o namoro. Escolhe um local adequado entre as plantas aquáticas, onde o fluxo de água é regular mas lento. Em seguida, recolhe material vegetal que é prensado na área livre do ninho. Uma substância pegajosa é produzida pelos rins do macho e serve para unir os pedaços de plantas. Quando já tiver recolhido uma quantidade suficiente de material vegetal, o macho escava o seu centro, fazendo assim um pequeno túnel, através do qual traz uma fêmea madura para a postura dos ovos. Depois de os ovos terem sido fertilizados, a fêmea abandona os ovos, enquanto o macho os guarda. Nas primeiras fases de desenvolvimento, o macho "abana" os embriões em desenvolvimento, enviando uma corrente de água através do ninho. Mais tarde, o macho interrompe as actividades de abanação e vigia-o de perto, não permitindo que qualquer jovem se desvie.

O dorso-de-espinho (Spinachia) constrói um ninho elaborado a partir de um ramo adequado de erva marinha. As folhas da erva marinha são unidas com a secreção pegajosa do rim. Os fios são passados à volta e à volta das frondes, até ficarem unidas numa estrutura rugosa em forma de pera.

Muitos dos peixes-labirinto preparam um tipo invulgar de ninho soprando bolhas de ar e muco. Estas aderem umas às outras, formando uma massa de espuma flutuante à superfície da água, que pode ser plana ou em forma de cúpula. O peixe lutador macho, Betta, também prepara um ninho da mesma forma. Os ovos fertilizados são recolhidos pelo macho na sua boca, que lhes aplica uma camada de muco e os cola na superfície inferior do ninho de espuma. O ninho é então protegido pelo macho. O Macropodus, peixe paradisíaco macho, também prepara um ninho de espuma semelhante, mas nesta espécie os ovos são mais leves do que a água e sobem para o ninho sem a participação ativa do pai.

11.3. Outros métodos de proteção dos ovos

Várias espécies desenvolveram outros métodos de proteção dos ovos sem a construção de ninhos. O Rhodeus amargo europeu tem um cuidado especial na proteção dos ovos. Quando a fêmea está pronta para desovar, o oviduto estende-se para formar um longo tubo que funciona como ovipositor e que é utilizado para depositar os ovos dentro das válvulas de um mexilhão de água doce. O macho fertiliza os ovos à medida que são postos. Após a eclosão, os juvenis abandonam o hospedeiro e ficam assim bem protegidos dos inimigos. Vários gobies, blenies, bull heads, depositam os seus ovos em conchas mortas de mexilhões, ostras, etc. ou em fendas de rochas ou debaixo de pedras.

O macho do góbio comum da areia, Pomatoschistus minutus, escolhe uma concha adequada, que vira de modo a que a superfície côncava fique virada para baixo. De seguida, com a cauda, limpa a areia por baixo da concha, de modo a formar uma pequena câmara que se abre para o exterior através de uma pequena estrutura em forma de túnel. Toda a estrutura é então coberta de areia e de lama, e os ovos são postos pela fêmea na câmara.

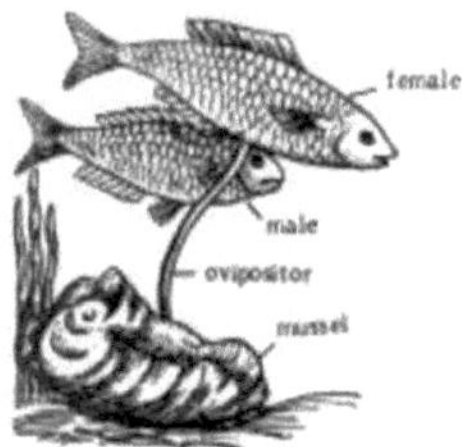

Figura 42: Peixe lutador *Betta* com ninho de espuma.
Figura 43: *Bitterling* macho e fêmea prestes a depositar os ovos numa

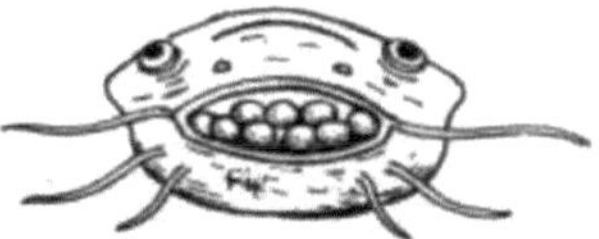

Figura 44: Peixe-gato fêmea em incubação bucal

Nalgumas espécies, os ovos desenvolvem-se na boca do progenitor. Em muitos ciclídeos, a fêmea transporta os ovos na sua cavidade oral. Após a eclosão, os juvenis não saem do abrigo durante algum tempo e nadam na água muito perto da boca, de modo a poderem regressar a ela em caso de perigo. No peixe-gato Arius, o macho transporta os ovos e as crias na sua boca e não ingere alimentos durante este período. A incubação oral também foi desenvolvida nos Apogonidae e em alguns peixes-gato cegos (Amblyopsidae). Num peixe-gato brasileiro, Loricaria typus, o macho desenvolve um lábio inferior alargado para formar uma bolsa na qual ocorre a incubação dos ovos.

Figura 45: O peixe-manteiga a enrolar-se à volta de uma massa de ovos.

Em Kurtus indicus (Perciformes), o macho desenvolve um gancho ósseo que se projecta da testa e é suportado por um processo especial do osso do crânio. Os ovos são agrupados em dois cachos com a ajuda de processos filamentosos da membrana do ovo. Os ovos são fixados ao gancho da testa de tal forma que um cacho de ovos fica de cada lado da cabeça do macho, quando este nada na água.

O peixe-manteiga, Pholis, enrola os ovos numa bola arredondada e um dos progenitores fica de guarda, enrolando-se à volta dos ovos. Não se sabe ao certo se o macho, a fêmea ou ambos participam na proteção dos ovos desta forma. Um peixe-gato, Platystacus do Brasil, mostra um método interessante de cuidados parentais. Durante a época de reprodução, a pele da superfície inferior do corpo do peixe fêmea torna-se macia e esponjosa. Depois de os ovos terem sido fertilizados, a fêmea pressiona o corpo contra os ovos, de modo a que cada um deles fique preso à pele por uma pequena taça. Os ovos permanecem fixos nesta posição até à eclosão.

No peixe cachimbo (Syngnathus) e no cavalo-marinho (Hippocampus), os ovos são transferidos pela fêmea para a bolsa especial de criação do macho, que os transporta até ao momento da eclosão. Para além dos cuidados a ter com os ovos, as crias são protegidas de várias formas por algumas espécies de Ictaluridae, Centrarchidae e Gasterosteidae. Os jovens recém-nascidos são agrupados em locais de abrigo, longe dos inimigos. A tilápia também é chamada de reprodutora bucal porque os jovens entram na cavidade oral da fêmea no momento do perigo.

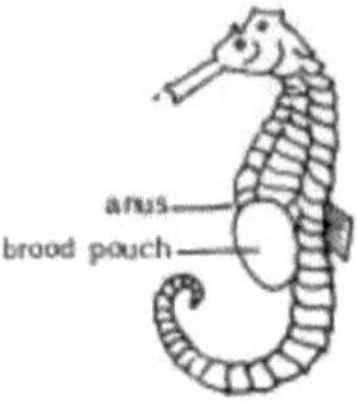

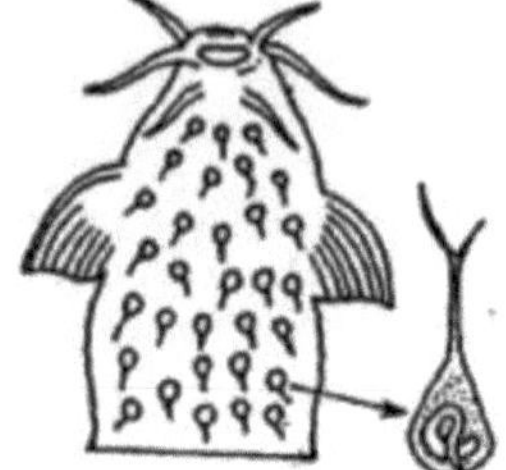

Figura 46: Hipocampo

Figura 47: Fêmea de Platystacus

O ciclídeo americano Symphrodon discus apresenta uma forma única de cuidados parentais. Os progenitores permitem que as larvas recém-eclodidas se alimentem do muco que cobre os seus corpos, e ambos participam na alimentação. Também no aquário, esta fonte de alimento é utilizada pelas larvas durante 4 a 5 semanas, embora estejam disponíveis outros alimentos.

11.3.1. Oviparidade:

Um fenómeno em que são postos ovos não desenvolvidos. 90% dos peixes ósseos têm fertilização externa, pelo que se enquadram nesta categoria; os tubarões-gato, os tubarões-terra, os tubarões-carpete e os tubarões-enfermeiros têm fertilização interna, mas são ovíparos. Nos peixes, a oviparidade é mais comum; os ovos são baratos de produzir e, como estão na água, não secam (o oxigénio e os nutrientes não são escassos). O adulto pode produzir muitos descendentes. A sobrevivência dos ovos individuais é muito baixa, pelo que é necessário produzir milhões de ovos para que a descendência seja bem sucedida. Os machos preparam um ninho, convidam uma fêmea, a fertilização tem lugar, o macho guarda os ovos, os recém-nascidos deslocam-se sob a proteção do pai (Fig.48).

Figura 48

Fig 48 (a) Os machos preparam um ninho, convidam a fêmea a desovar, o macho fertiliza os ovos e guarda-os, (b) Após a eclosão, os bebés continuam a nadar à sua volta. Ele protege-os dos predadores.

11.3.2. Ovoviviparidade

Neste tipo de espécie, os ovos eclodem no interior do corpo da fêmea, o desenvolvimento interno é reduzido sem alimentação materna direta e os bebés nascem após alguns dias (por exemplo, a maioria dos tubarões e raias). Muito raramente nasce uma larva ou um bebé menos desenvolvido, a mãe ajuda-o a alimentar-se, como é o caso do peixe-pedra.

1.1. .2.1. Viviparidade

Fertilização interna que conduz ao desenvolvimento interno. Nesta situação, o bebé é alimentado diretamente pela mãe. Nasce um bebé totalmente avançado (tubarões-martelo e percas-do-mar).

Muitas espécies de peixes constroem ninhos de uma forma ou de outra, quer se trate de um simples poço escavado no cascalho ou de um elaborado ninho de bolhas. Não é necessária nenhuma instalação especial para a reprodução; quando estão prontos para desovar, os peixes constroem um ninho soprando bolhas, utilizando frequentemente vegetação para ancorar o ninho. Os Gouramis, os Anabantídeos e alguns peixes-gato são os construtores de ninhos mais comuns. Alguns põem os ovos numa superfície plana, como uma pedra ou uma folha de planta, ou mesmo colocados individualmente entre plantas de folhas finas como o musgo de Java. Os pais formam geralmente pares e guardam os ovos. Os ciclídeos são as espécies mais conhecidas por este facto. Alguns peixes-gato e peixes-arco-íris também guardam os ovos.

Nos reprodutores bucais, as fêmeas põem os ovos numa superfície plana, onde são fertilizados pelo macho. Após a fecundação, o macho apanha os ovos e incuba-os na sua boca. Mesmo depois de eclodirem, os juvenis regressam à segurança da boca do pai se houver perigo. O número de ninhadas é geralmente pequeno, uma vez que, quando os alevins são libertados, já estão bem formados. Os reprodutores bucais bem conhecidos são os ciclídeos do lago africano. Os outros reprodutores bucais são os peixes gato, os anabantídeos e os peixes killi. Os peixes com fertilização interna não põem ovos, estes são fertilizados internamente e crescem dentro do corpo da mãe. As ninhadas são pequenas e os alevins estão bem desenvolvidos quando nascem. O Guppy rabo-de-espada e o Platy são os membros mais conhecidos deste grupo.

1.4. . Papel das hormonas

Vários estudos demonstram que o desenvolvimento dos caracteres sexuais secundários nos peixes está sob o controlo das glândulas endócrinas, por exemplo, os caracteres do peixe-espinho (Gasterosteus aculeatus) e do gourami azul (Trichogaster trichopterus). Nos poecilídeos, as fêmeas tratadas com androgénio apresentam o desenvolvimento do gonopódio e a coloração caraterística dos machos. Do mesmo modo, a coloração caraterística dos machos do salmão reprodutor está sob o controlo dos androgénios, e os machos castrados não desenvolvem a cor. Outros caracteres, como o desenvolvimento de tubérculos reprodutores na cabeça, modificações das barbatanas, extensão da barbatana caudal em Xiphophorus, desenvolvimento do gonopódio a partir da barbatana anal em Poecilidae, etc., são também controlados pelos androgénios. Foi igualmente demonstrado que os androgénios estimulam a secreção de muco do rim de Gasterosteus aculeatus, para a construção do ninho. A prolactina da pituitária aumenta a secreção de cola do epitélio oral do Betta, permitindo que o peixe produza bolhas de muco para a construção do ninho. Também se sugere que a prolactina é responsável pela proliferação do revestimento epitelial da bolsa de criação do cavalo marinho (Hippocampus). As células epidérmicas do Symphrodon discus, que são utilizadas como alimento pelas larvas, são activadas por uma hormona semelhante à testosterona.

CAPÍTULO 12

MIGRAÇÃO DOS PEIXES

12. INTRODUÇÃO

Geralmente, os peixes restringem os seus movimentos a pequenos limites territoriais e não saem das suas áreas de residência. No entanto, algumas espécies percorrem longas distâncias, deslocando-se de um sítio para outro em busca de alimento ou para se reproduzirem. Este movimento de um grande número de peixes com o objetivo de se alimentarem ou desovarem é conhecido como migração. Pode ocorrer na direção vertical, como das águas mais profundas para as águas superficiais, ou pode ser na direção horizontal, quer para montante quer para jusante. Thompson (1952) define uma verdadeira migração como um movimento sazonal que impele ao regresso ao ponto de partida

As espécies migradoras adquiriram várias adaptações morfológicas, comportamentais e fisiológicas necessárias para a migração

No entanto, nenhuma espécie apresenta todas estas caraterísticas. Assim, algumas espécies são capazes de atingir grande velocidade durante a migração, outras nadam lentamente, mas percorrem longas distâncias; algumas espécies deslocam-se dentro da água doce ou do mar, enquanto outras podem deslocar-se da água doce para o mar e vice-versa. Harden Jones (1968) definiu a migração como "uma classe de movimento que impele os migrantes a regressarem à região de onde migraram", o que implica um regresso ao local de origem. Baker (1978) deu uma definição mais geral e definiu a migração como "o ato de se deslocar de uma unidade espacial para outra". Não há restrições quanto à viagem de regresso. Mais recentemente, Dingle (1980) definiu o termo migração como um "comportamento especializado especialmente desenvolvido para a deslocação do indivíduo no espaço". Esta definição implica mudanças evolutivas que conduzem a padrões migratórios específicos. Dingle opinou que os movimentos acidentais ou não intencionais não podem ser incluídos na definição de migração.

12.1. Espécies migratórias

Várias espécies de peixes apresentam migrações interessantes de adultos maduros para desova e alimentação. Reproduzem-se numa área, mas crescem e alimentam-se noutra área. Exemplos de alguns peixes migradores são:

- O bacalhau *(Gadus morhua)*
- *H* Arenques *(Clupea harengus)*
- *S* Salmão *(Salmo* sp.)
- Salmão do Pacífico *(Oncorhynchus* sp.)
- Tunídeos *(Thunnus thynnus)*
- *E* Enguia *(Anguilla anguilla)*
- Solha *(Pleuronectes platessa)*
- *H* Hilsa *(Tenualosa ilisha)*
- Lampreias (*Petromyzon marinus*)

12.2. Tipos e métodos de migração

A migração pode ser dos seguintes tipos:

UMA migração alimentar: Esta migração é feita em busca de comida e água.

- Migração gamética: Para a reprodução.
- Migração climática: Para obter condições climáticas mais adequadas.
- Migração osmorreguladora.

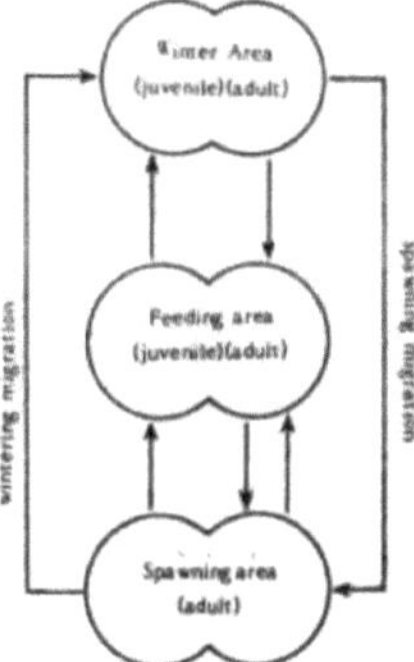

Figura 49: Diferentes tipos de migração

Um peixe pode efetuar movimentos migratórios por vários métodos:

12.2.1. Por Drifiting

Os peixes são transportados passivamente pelas correntes de água. A isto chama-se deriva e pode resultar em "movimentos direcionais" se o movimento geral da água for numa direção.

12.2.2. Movimentos Locomotores Aleatórios

Os movimentos locomotores de direção aleatória conduzem a uma distribuição uniforme ou a uma agregação. Se os peixes forem libertados de um ponto num ambiente uniforme e se espalharem em todas as direcções, o processo é designado por dispersão e conduz a uma distribuição uniforme da espécie.

12.2.3. Movimentos de natação orientada

Os peixes nadam numa determinada direção:

Quer na direção da fonte de estimulação, quer afastados dela, ou num ângulo relativamente a uma linha imaginária que os separa da fonte de estimulação.

Em geral, os peixes seguem o padrão de migração mostrado na figura 6.1.

12.3. Periodicidade da migração:

As espécies de peixes apresentam variações na periodicidade da sua migração. A maioria dos peixes migra a intervalos regulares, que podem ser diários, mensais, sazonais, anuais, bianuais ou mais longos. Assim, o salmão do Pacífico pode permanecer no mar durante vários anos antes de regressar às zonas de desova. As larvas de Petromyzon marinus podem passar vários anos no lodo antes de se metamorfosearem e migrarem para o mar. As enguias passam vários anos a alimentar-se em água doce, antes de empreenderem a migração para o mar. Algumas espécies efectuam migrações anuais, mensais ou mesmo diárias. A periodicidade varia assim entre as diferentes espécies, e mesmo dentro de uma mesma espécie, e parece dever-se a muitos factores bióticos e abióticos.

12.4. Distância, duração e grau de retorno:

As distâncias percorridas pelos diferentes peixes migradores também variam consideravelmente. O salmão, o atum e a enguia efectuam migrações extremamente longas. Algumas espécies de peixes efectuam diariamente migrações verticais curtas para se alimentarem. A velocidade, a duração e a distância percorrida por um peixe dependem do tipo de ambiente através do qual tem de viajar para chegar ao seu destino. Por vezes, um peixe tem de percorrer longas distâncias para localizar locais adequados para a desova. O tempo que uma espécie demora a percorrer a mesma distância depende, geralmente, do facto de ter ou não de recolher alimentos pelo caminho. As espécies de peixes que migram para uma zona de alimentação podem passar algum tempo a testar e a avaliar a adequação do ambiente, percorrendo assim longas distâncias e demorando mais tempo a chegar ao seu destino.

A migração envolve algum tipo de movimento de regresso, ou pode ser apenas uma migração de ida.

Um peixe com um elevado grau de retorno pode visitar muitas zonas mais do que uma vez durante a migração. Em alguns casos, apenas uma zona é visitada mais do que uma vez durante a migração de regresso. Na maior parte dos casos, a zona de desova é a zona mais precisamente visitada durante a viagem de regresso. Por exemplo, muitos salmões do Pacífico regressam exatamente à mesma zona de reprodução onde eles próprios nasceram. As zonas de alimentação no oceano são muito mais diversificadas e as gerações seguintes de peixes podem alimentar-se em locais diferentes.

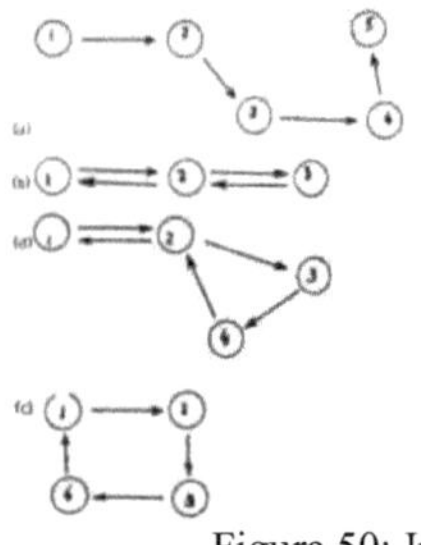

Figura 50: Indicação do grau de retorno para diferentes migrações de peixes

12.5. Métodos de estudo da migração dos peixes (técnica de marcação e etiquetagem)

A informação sobre os padrões de migração dos peixes, a sua direção e velocidade de movimento, pode ser estudada através da marcação e etiquetagem dos peixes, seguida de recaptura. A marca ou etiqueta deve ser facilmente identificável e deve permanecer com o peixe até ao fim do estudo. Não devem ser utilizadas marcas que sejam incómodas ou que prejudiquem os peixes. Pode ser utilizado qualquer um dos seguintes métodos.

Um método simples consiste em marcar os peixes pequenos e grandes através do corte das barbatanas. Neste método, podem ser utilizadas várias marcas diferentes para a identificação. Trata-se de um método rápido e fácil para identificar um número limitado de indivíduos. A remoção da barbatana como técnica de marcação não é útil, devido à regeneração das barbatanas por alguns peixes, e as barbatanas podem também ser perdidas por acidente ou por qualquer outra causa.

Os peixes podem ser tatuados com ferramentas metálicas.

Os peixes podem ser pulverizados com um corante fluorescente que fica incorporado nas escamas. Este corante não é visível à luz natural, mas torna-se visível quando o peixe é exposto a radiações ultravioletas.

Este antibiótico não afecta o crescimento dos peixes nem a sua sobrevivência e pode ser facilmente administrado por via oral, por injeção ou por imersão. O corante é depositado nas vértebras, ossos, otólitos, etc., como um marcador permanente. Pode ser visto como um composto fluorescente quando exposto à iluminação UV.

Muitos radioisótopos solúveis em água podem ser utilizados como marcadores por imersão do peixe ou por administração oral. No entanto, é necessário um detetor de radiação para identificar esses peixes.

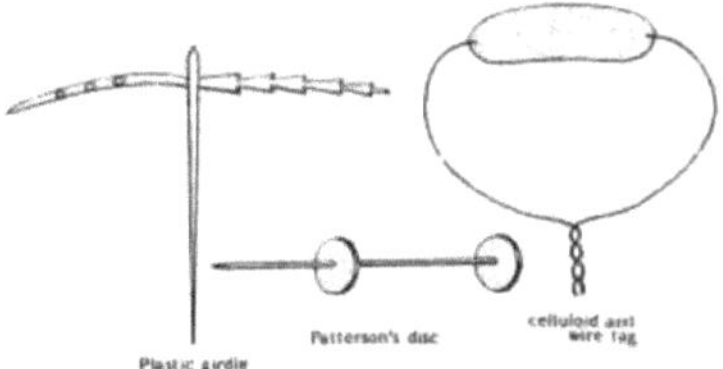

Figura 51: Três tipos de etiquetas

Foram desenvolvidos vários tipos de etiquetas para fixação nos peixes com vista ao seu reconhecimento. As etiquetas podem ser pequenos clipes metálicos que podem ser fixados nos opérculos, barbatanas, mandíbulas, etc., ou podem ser um disco inserido na musculatura dorsal. As etiquetas podem ser metálicas ou feitas de celuloide, mas são desvantajosas devido aos seus efeitos na sobrevivência do peixe e podem também perder-se durante a natação.

Todos os procedimentos de marcação ou etiquetagem de peixes requerem a captura, o manuseamento e a libertação dos peixes, o que pode causar a morte devido ao stress, ou os peixes podem ficar fracos e susceptíveis a doenças e à predação. O peixe pode também sofrer devido à presença física da etiqueta ou aos danos causados aos seus tecidos. Assim, as marcas são utilizadas durante um curto período, mas podem sempre perder-se devido a acidentes ou ao crescimento dos peixes com o passar do tempo.

12.6. Padrões de migração

A forma ou padrão de migração difere entre espécies, bem como dentro de uma mesma espécie. Myers (1949) utilizou os seguintes termos para descrever a migração dos peixes:

12.6.1. Peixes Diádromos

São peixes verdadeiramente migradores, que migram entre o mar e a água doce, e são de três tipos:

12.6.1.1. Anádromos

Os peixes diádromos, que passam a maior parte da sua vida no mar, migram para a água doce durante o período de reprodução para desovar. Assim, muitos peixes marinhos, como o salmão, o sável, a lampreia marinha e a hilsa, percorrem longas distâncias no mar e sobem os rios para desovar em água doce. Verificou-se que o salmão e a hilsa percorrem vários milhares de quilómetros no mar e, depois, várias centenas de quilómetros em águas interiores para chegarem aos locais de desova. Após a postura dos ovos, os peixes gastos regressam aos seus locais de alimentação no mar. Exemplo - Salmão: Existe uma única espécie de salmão do Atlântico (Salmo salar) e cinco espécies de salmão do Pacífico (Oncorhynchus), que efectuam uma migração anádroma. No inverno, ambos os sexos deixam os seus locais de alimentação no mar para subirem os cursos de água doce das montanhas, chegando ao mesmo local onde cresceram alguns anos antes. Após a desova, os adultos morrem, mas algumas das espécies atlânticas (Salmo) podem sobreviver, regressar ao mar e desovar uma segunda ou terceira vez na vida. Após a eclosão, as larvas alimentam-se e crescem durante algum tempo nos cursos de água antes de irem para o mar. Os jovens salmões crescem mais rapidamente no oceano devido à abundância de alimentos. As provas experimentais mostram que um forte sentido olfativo do salmão determina o seu regresso ao local de nascimento original, uma vez que os diferentes cursos de água têm odores diferentes. Muitos peixes marinhos migram do mar para o rio para desovar. Esta migração anádroma é observada em Acipenser, Alosa, Salmo e Hilsa. Estes peixes produzem normalmente um grande número de ovos para compensar o risco a que os ovos estão sujeitos.

12.6.1.2. Catádromos

Este grupo inclui peixes diádromos que passam a maior parte da sua vida em água doce mas que migram para o mar para se reproduzirem. Assim, a enguia de água doce, Anguilla, percorre vários milhares de quilómetros, partindo dos rios e chegando às zonas de desova no mar. Após a postura dos ovos, os adultos morrem e as larvas jovens andam à deriva e nadam de volta para a água doce, demorando três anos a chegar aos rios. Agora, sofrem metamorfose, passando da fase de larva Leptocephalus para Elvers, e sobem os rios. Aqui, tornam-se adultos e, ao atingirem a maturidade, recomeçam a sua migração para o mar. Exemplo - Enguias. O exemplo da migração catádroma é dado por duas espécies comuns de enguias, a Anguilla rostrata dos rios europeus de água doce e a Anguilla vulgaris da América. Com a chegada do outono, a sua cor muda de amarelo para prateado metálico e a alimentação pára com o encolhimento do seu aparelho digestivo. Os olhos tornam-se maiores, o focinho torna-se mais afiado com lábios mais finos e as gónadas estão completamente maduras. As enguias prateadas entram então no mar e migram cerca de 4.500 quilómetros para oeste da Europa e para leste da América. Ao chegarem ao seu local de reprodução no mar de Surgasso, nas Bermudas, os adultos morrem imediatamente após a desova em águas profundas. Os ovos eclodem em pequenas larvas pelágicas achatadas e transparentes, semelhantes a folhas, chamadas leptocefalia, com menos de 6 mm de comprimento. Têm dentes afiados em forma de agulha para se alimentarem. Durante a sua longa viagem de regresso a casa, transformam-se em meixões e enguias-de-vidro com cerca de 8 cm de comprimento e corpos cilíndricos. Ao chegarem a terra, os machos permanecem em águas salobras perto das costas, enquanto as fêmeas sobem os cursos de água doce e os rios. Os meixões alimentam-se e crescem até se tornarem enguias amarelas em alguns anos. No entanto, o facto de os meixões sem progenitores conseguirem atravessar o mar em direção às casas dos seus pais continua a ser um mistério por resolver. Até à descoberta da sua verdadeira identidade, as larvas de leptocéfalos eram designadas por peixes de vidro e colocadas no género Leptocephalus. A maior larva de uma espécie desconhecida tinha 184 cm de comprimento e foi capturada em 1930 pela Expedição

Dana a oeste do Cabo da Boa Esperança (África).

12.6.1.3. Anfídromos

Trata-se de peixes diádromos em que a migração da água doce para o mar ou vice-versa, não tem como objetivo a reprodução, mas ocorre regularmente numa outra fase definida do ciclo de vida. Myer sugere que a migração de alguns gobies pode ser incluída nesta categoria.

12.6.1.4. Peixes Potamódromos:

Os peixes migradores cujas migrações se limitam à água doce, por exemplo, as carpas e as trutas, percorrem longas distâncias em grandes rios à procura de zonas de desova. Após a postura dos ovos em locais adequados, regressam à zona de alimentação.

12.6.1.5. Peixes Oceanodromos:

Estes peixes migradores vivem e migram no mar. Muitos peixes marinhos como o bacalhau, os arenques (Clupea), as cavalas (Scomber) e os atuns (Thunnus) percorrem longas distâncias no mar para depositarem os seus ovos, regressando depois às zonas de alimentação.

12.6.1.6. Migração oceanodromática

Muitas espécies de peixes marinhos percorrem longas distâncias no mar e visitam áreas específicas, tais como a zona de desova, a zona de viveiro, a zona de alimentação, a zona de inverno, etc., no momento apropriado e permanecem numa área o tempo necessário. Segue-se uma breve descrição de alguns peixes oceanodromos:

12.6.1.7. Arenques:

Estes peixes pertencem à família dos clupeídeos e encontram-se nos oceanos Pacífico Norte e Atlântico Norte. Os arenques apresentam migrações sazonais que cobrem uma grande área. Também efectuam diariamente migrações verticais de curta distância e com um objetivo diferente das migrações sazonais de longa distância. Os arenques do Atlântico vivem em águas profundas durante o dia e migram para a superfície ao pôr do sol. À meia-noite descem, mas voltam a subir ao amanhecer, antes de migrarem para maiores profundidades durante o resto do dia.

O zooplâncton, que constitui o alimento destes peixes, também apresenta uma migração vertical diurna. Assim, a migração vertical diária do arenque está relacionada com a fonte de alimento e também minimiza o risco de predadores durante o dia.

O arenque do Atlântico também apresenta uma migração anual para a zona de desova perto da costa e não apresenta migração vertical durante este período.

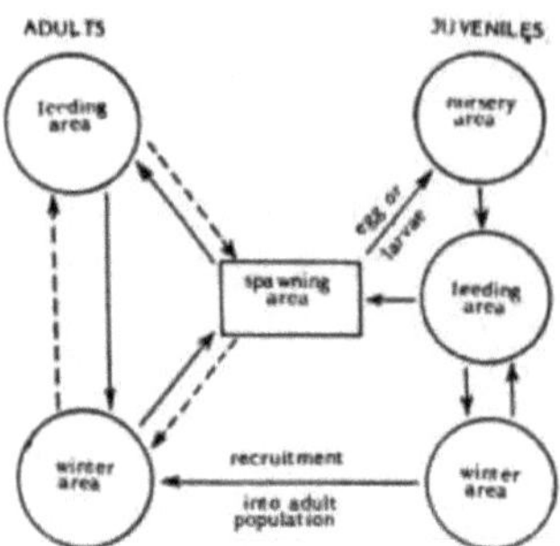

Figura 52: Migração de peixes oceanodromos

Fig. 52: Padrão de movimentos na migração de peixes oceanodromos (Após Dingle 1980)

Após a desova, as larvas são transportadas pelas correntes das zonas de desova para a zona de invernada perto da costa, onde se alimentam e crescem. Depois de atingirem um tamanho maior, juntam-se aos peixes mais velhos no ciclo migratório e regressam às zonas de desova quando atingem a maturidade sexual, o que pode acontecer entre os 4 e os 7 anos de idade.

12.6.1.8. Bacalhau (Gadus marhua):

Esta espécie desova geralmente de fevereiro a junho, perto do fundo em águas frias. Os óvulos fecundados eclodem em cerca de duas semanas, e os juvenis alimentam-se de zooplâncton no meio da água durante cerca de 6 meses. Mais tarde, deslocam-se para o fundo e alimentam-se de crustáceos e peixes pelágicos. Ao envelhecerem, juntam-se a peixes adultos da mesma raça e iniciam o circuito migratório. Podem completar o ciclo migratório antes da desova, que ocorre aos 5 anos de idade. Depois de desovarem uma vez, continuam a

desova anualmente durante vários anos. Quando os jovens bacalhaus começam a alimentar-se de peixes pelágicos, seguem o seu alimento e migram com a corrente.

12.6.1.9. Pleuronectes platessa

Trata-se de um peixe plano que habita as águas costeiras do Norte da Europa até à Islândia, e para sul ao longo da costa de França, Espanha e Portugal. Os ovos e as larvas são pelágicos e são transportados pelas correntes desde as zonas de desova até às zonas de maternidade. A metamorfose completa-se em cerca de 8 semanas e os jovens descem ao fundo para se alimentarem de invertebrados bentónicos. Atingem a maturidade sexual por volta dos 3-4 anos de idade e regressam às mesmas zonas de desova, repetindo o ciclo migratório várias vezes e vivendo até aos 20 anos.

12.6.1.10. Tunnas

O atum rabilho (Thunnus sp.) está amplamente distribuído nos oceanos Atlântico e Pacífico. Sabe-se que esta espécie percorre uma distância de 10.000 km. Atinge a maturidade sexual em 3-5 anos. Uma das raças de atum desova no Mediterrâneo em maio e junho. A maioria dos peixes desovados migra através do estreito de Gibralter e para norte, até à Noruega. Durante o inverno, viajam para sul e, finalmente, entram no Mediterrâneo para desovar.

12.7. Migração de potamódromos:

Os peixes que vivem em água doce apresentam, em geral, uma migração dos adultos para montante, para desovar, e os peixes mortos regressam a jusante para a zona de alimentação. Algumas espécies, no entanto, deslocam-se para jusante para se reproduzirem; as lampreias (Petromyzon) apresentam uma migração típica de águas mais profundas para zonas de desova pouco profundas. Entre os teleósteos, muitos clupeídeos, peixes-gato, salmões, trutas, percas e carpas apresentam um padrão de migração inteiramente em água doce. Aparentemente, as zonas de desova não podem suportar os adultos, mas são necessárias para o desenvolvimento dos ovos e dos juvenis, uma vez que proporcionam o ambiente mais adequado, alimentos abundantes e estão livres de predadores.

A migração dos peixes em água doce pode também dever-se a outras razões para além da desova. Assim, a densidade populacional pode levar a uma competição intra-específica que obriga alguns indivíduos a migrar para outras zonas. As alterações sazonais na disponibilidade de alimentos podem também forçar um grande número de peixes a deslocar-se para outras zonas onde os alimentos são abundantes.

12.8. Migrações Diádromas:

Algumas espécies oceanodromas e potamodromas evoluíram para peixes catadromos e anadromos, respetivamente. No entanto, é difícil explicar porque é que algumas espécies se deslocaram da água doce para zonas de alimentação no mar, enquanto outras se deslocaram na direção oposta, da água marinha para zonas de alimentação nas águas doces. Os peixes de ambos os ambientes evoluíram juntamente com os seus numerosos parasitas e predadores. Aparentemente, os peixes migradores podem ter-se tornado diádromos devido a pressões de seleção inter e intra-específicas. Se uma espécie de peixe pudesse evoluir para uma espécie eurihalina mais rapidamente do que os seus parasitas e predadores, poderia entrar num novo ambiente e escapar a doenças e predadores específicos. Esta pressão de seleção pode atuar tanto em espécies de água doce como em espécies marinhas. Além disso, a competição inter e intra-específica por vários recursos alimentares na água doce ou no oceano poderia atuar de forma semelhante para fazer evoluir as espécies diádromas. Muitas famílias de peixes actuais contêm tanto água doce como água salgada. Algumas delas atravessaram a barreira água doce/água do mar e tornaram-se diádromas, enquanto outras permaneceram permanentemente no novo ambiente devido à pressão selectiva.

12.9. Migrações anádromas:

Muitos peixes de água doce efectuam migrações das zonas de desova em água doce para zonas de alimentação no oceano, seguidas de uma viagem de regresso às zonas de desova em água doce. Assim, Salmo (truta), Oncorhynchus (salmão do Pacífico), Salvelinus e Hilsa apresentam vários graus de migração anádroma. A truta S. gairdneri e a Hilsa podem migrar distâncias consideráveis para chegar a zonas de alimentação no oceano, mas a truta castanha (Salmo trutta) e a truta de garganta cortada (S. clarki) migram apenas para distâncias curtas. A truta de três espinhos (Gasterosteus aculeatus) tem uma ampla distribuição, vivendo no mar durante uma parte considerável da sua vida, mas entra em água doce para se reproduzir. Entre os ciclóstomos, Petromyzon marinus e Lampetra fluviatilis são anádromos e desovam em riachos. Os adultos morrem após a desova, mas as larvas permanecem na lama, metamorfoseiam-se em adultos e migram para o mar. Alimentam-se de peixes e voltam a desovar na água doce, dois anos mais tarde.

12.10. Migração catádroma:

Os peixes que passam a maior parte da sua vida em água doce, mas regressam ao oceano para desovar, são chamados catádromos. A anguila é o exemplo mais conhecido deste tipo de peixe. As enguias de água doce são representadas por cerca de 16 espécies e estão amplamente distribuídas por todo o mundo. A Anguilla japonica desova no Pacífico Norte. A A. australis parece desovar a leste da Austrália, no Pacífico Sul. A. rostratta ou A. anguilla ou ambas as espécies desovam no Atlântico Norte ocidental (mar dos Sargaços), mas este facto é ainda objeto de controvérsia.

12.11. Factores que influenciam e controlam a migração:

Muitas espécies de peixes efectuam longas viagens para chegar ao seu destino e podem encontrar vários obstáculos e condições ambientais no seu caminho. Foi demonstrado que são vários os factores que iniciam a migração e que orientam o peixe na procura do seu caminho e na localização do seu destino.

As migrações são influenciadas por vários factores que podem ser físicos, químicos e biológicos. Os factores físicos incluem os materiais do fundo, a profundidade da água, a temperatura, a intensidade da luz, o período fotográfico, a corrente e a turbidez, etc. Os factores químicos são a salinidade, o pH, o cheiro e o sabor da água. Os factores biológicos que influenciam a migração são a maturidade sexual, a pressão sanguínea, a alimentação, a memória, o relógio fisiológico e as glândulas endócrinas. A presença ou ausência de predadores e competidores também podem ser considerados como factores biológicos que regem a migração dos peixes.

A disponibilidade de alimentos é um dos factores importantes responsáveis pela migração em grande escala de muitas espécies de peixes que saem em busca de áreas de alimentação. Quando a temperatura da água doce nos rios aumenta, os peixes deslocam-se para montante para desovar.

A salinidade da água é também um fator importante. A maior parte dos peixes de água doce são relativamente intolerantes às mudanças de salinidade (estenohalinos) e não efectuam migrações em grande escala, confinando-se apenas à água doce. Mas algumas espécies como o Salmão, Anguilla, Hilsa, Gasterosteus e Fundulus são eurihalinas, e podem adaptar-se a grandes mudanças de salinidade. Estes são chamados peixes diádromos e migram da água doce para o mar e do oceano para a água doce para desovar. Assim, os movimentos dos peixes são limitados dentro da gama de tolerância à salinidade.

A intensidade e a duração da luz também influenciam a migração de muitas espécies de peixes, alguns dos quais são atraídos pela luz e podem ser capturados através da colocação de luzes em pontos adequados. As lampreias e os esturjões migram durante a noite. Os arenques migram durante a lua cheia.

A corrente de água influencia consideravelmente a direção do movimento dos peixes. Os ovos e os alevins são passivamente transportados ao longo da corrente para os seus locais de alimentação. O olfato e a memória parecem também guiar os peixes durante a migração. Foi demonstrado que o salmão regressa à mesma zona do rio na fase adulta para desovar, onde teve lugar a sua eclosão e o seu desenvolvimento inicial. O estádio de maturidade das gónadas e o estado das glândulas endócrinas são também factores importantes que determinam a migração.

O mecanismo de "orientação" durante a migração dos peixes foi analisado por Hasler (1971) e Able (1980). Orientação significa a disposição de um animal numa determinada direção. Um peixe pode reconhecer o seu local de origem através de um estímulo sensorial direto, a visão ou o olfato. A navegação refere-se ao mecanismo através do qual um animal pode encontrar a direção para uma área desejada. Muitos factores ambientais ajudam o peixe a orientar-se. A capacidade de orientação de um peixe requer o conhecimento de uma espécie de mapa, cuja informação pode estar armazenada no sistema nervoso central. Esta informação pode ser determinada geneticamente ou aprendida durante a ontogénese e a fase adulta da vida do indivíduo. Quinn (1980) e Brannon (1981) realizaram experiências com juvenis de salmão e sugeriram que a capacidade de orientação pode ser parcialmente devida a factores hereditários e não inteiramente devida à aprendizagem.

Há indícios de que os peixes podem utilizar o sol para se orientarem durante a migração. Os peixes podem observar a mudança de ângulo do sol em relação aos planos horizontal e vertical. Durante a noite, os peixes podem utilizar a posição da lua para se orientarem. Foi também sugerido que algumas espécies podem utilizar campos magnéticos e eléctricos para se orientarem e têm a capacidade de produzir e receber sinais eléctricos, exibindo o poder de electrolocalização. Algumas espécies utilizam as correntes de água como pistas de orientação. Considera-se que o sentido olfativo desempenha um papel importante na localização da corrente de origem e os peixes são capazes de detetar o cheiro da corrente de origem a uma distância considerável.

12.12. Papel das hormonas

A osmorregulação é importante para todas as espécies de peixes. Tanto os peixes oceanodromos como os potamodromos têm de regular os níveis de água e iões nos seus corpos, mas os peixes diádromos necessitam de mecanismos refinados que lhes permitam ajustar-se a grandes mudanças de salinidade durante a migração.

É bem sabido que a regulação osmótica e iónica das espécies diádromas está intimamente associada às hormonas. Sabe-se que várias hormonas segregadas pela glândula pituitária (por exemplo, prolactina, corticotropina, hormona do crescimento, etc.) estão direta ou indiretamente envolvidas na regulação osmótica e iónica dos peixes durante a migração. Outras endócrinas, como as interrenais, a urofise, a tiroide e os corpúsculos de Stannius, também desempenham um papel importante. Destes, acredita-se que a prolactina é a hormona mais importante que promove a sobrevivência de várias espécies de peixes de água doce. Influencia a regulação da água e dos iões e actua sobre as brânquias, os rins, a pele, a bexiga urinária e o intestino dos peixes. Os peixes hipofisectomizados de água doce apresentam uma perda passiva de iões de sódio através do epitélio branquial, que é reduzida pela prolactina. No Fundulus, a prolactina aumenta a absorção ativa de iões Na^+ pelas brânquias, em água doce.

A observação mostra um aumento da síntese e da libertação tanto nas células corticotróficas como nas células internas de um peixe migrador. A adrenalectomia da enguia em água doce causou uma redução na taxa de filtração renal do volume de urina. As neurosecreções armazenadas na urófise são chamadas "urotensinas" e têm um efeito direto no processo osmorregulador (Marshall e Bern, 1981). Foi sugerido que as urotensinas fornecem uma resposta inicial a uma necessidade osmorreguladora, enquanto o controlo a longo prazo é exercido por outras hormonas. Os corpúsculos de Stannius estão provavelmente envolvidos na redução do nível de cálcio dos peixes na água do mar, onde a concentração ambiental de cálcio é elevada. Este endócrino pode também alterar a função renal, uma vez que os extractos deste tecido provocam uma diminuição da pressão sanguínea na enguia, o que pode reduzir a taxa de filtração glomerular. O cálcio também pode ser regulado nos peixes por outro fator hipocalcémico encontrado nos corpos ultimobrânquicos e denominado "calcitonina". A prolactina também aumenta o nível de cálcio nos peixes de água doce. A glândula pineal também pode afetar indiretamente a osmorregulação dos peixes, alterando o nível de corticóides.

Assim, a regulação das concentrações de água e de iões nos peixes parece estar sob um controlo fino de várias hormonas. Os peixes que migram de uma salinidade para outra devem possuir mecanismos refinados para estes ajustes, de modo a permitir-lhes sobreviver.

12.13. Causas da migração:

Vários autores apresentam várias razões para o facto de os peixes migrarem. Northcote (1978) opinou da seguinte forma.

- Para otimizar a alimentação,
- Para evitar condições desfavoráveis,
- Para aumentar o sucesso reprodutivo, e
- Possivelmente para promover a colonização.

Uma migração específica de peixes pode não preencher todos estes requisitos e pode ser efectuada apenas por uma das razões acima referidas. As migrações ocorrem porque os habitats de reprodução não são provavelmente as melhores áreas para outras actividades, como a alimentação e a invernada. As condições químicas, fisiológicas e biológicas desfavoráveis podem ocorrer em qualquer ambiente em alturas diferentes, devido a alterações sazonais, e a migração é um meio de escapar a essas condições. O calendário do padrão de migração evoluiu de tal forma que os peixes jovens chegam às zonas de alimentação quando as condições ambientais são óptimas para a produção de alimentos. A estratégia dos peixes consiste em explorar fontes de alimento ricas, a fim de aumentar a ingestão de alimentos, necessária para aumentar a taxa de crescimento, a fecundidade e a sobrevivência.

12.14. Vantagens da migração:

De acordo com Nikolsky, a migração é uma adaptação à abundância. As zonas de desova ou de maternidade podem não dispor de alimentos suficientes para manter os membros maduros e imaturos de uma grande população. Por conseguinte, seria vantajoso dispor de zonas de desova, de maternidade e de alimentação separadas. O facto de muitas espécies comerciais serem migratórias apoia a ideia de que a migração é uma adaptação à abundância. Além disso, parece haver algumas vantagens para uma espécie cujos adultos regressam para desovar numa zona em que as condições ambientais eram semelhantes àquelas em que eles próprios sobreviveram quando jovens. O regresso à zona de desova dos progenitores constitui um meio de explorar essas condições favoráveis. Assim, uma melhor sobrevivência dos ovos e das larvas conduziria a um maior número de reprodutores numa determinada zona.

Os peixes dispersam-se frequentemente por grandes áreas enquanto se alimentam, mas reúnem-se em zonas de desova específicas para aumentar o sucesso reprodutivo. O momento exato da migração para a desova assegura a chegada simultânea de um número suficiente de indivíduos de ambos os sexos a um local para garantir o êxito reprodutivo do grupo.

CAPÍTULO 13

CONSERVAÇÃO DE PEIXE E SUBPRODUTOS DE PEIXE

13. INTRODUÇÃO

O peixe é um produto rapidamente perecível e estraga-se se não for corretamente conservado. O local de consumo situa-se geralmente a uma certa distância do ponto de desembarque ou de captura. Para ser comercializado fresco, é necessário um transporte rápido e instalações de refrigeração. Durante o período de pico, são capturadas grandes quantidades de peixe e é necessária uma conservação adequada para o transporte para o mercado localizado a longas distâncias para os consumidores.

A carne do peixe é composta principalmente por proteínas, gorduras, minerais e vitaminas, com uma percentagem muito elevada de água. O peixe é uma fonte barata de proteína animal que é facilmente digerível. Os aminoácidos essenciais estão presentes na carne de peixe em quantidades suficientes. É também uma fonte rica de iodo, fósforo e vitaminas B, A e D. O peixe, quando vivo na água, transporta um grande número de bactérias no seu corpo, guelras e no intestino. Logo após a morte do peixe, estas bactérias começam a reproduzir-se e a atacar vários órgãos, pelo que a conservação do peixe tem de ser efectuada sem perda de tempo.

13.1. Causas de deterioração do peixe

O peixe deteriora-se principalmente devido a três factores: ação bacteriana, ação enzimática e ação química. A deterioração devida à ação química é a menos importante, uma vez que ocorre principalmente nos peixes gordos. O óleo dos peixes gordos é oxidado pelo oxigénio atmosférico, o que provoca a descoloração do peixe. Um grande número de peixes estraga-se devido à ação de enzimas digestivas que permanecem activas mesmo depois da morte do peixe e amolecem a carne por autólise. As bactérias são a causa mais importante de deterioração. Um grande número de bactérias presentes no corpo, nas guelras e no intestino do peixe encontra um bom meio de desenvolvimento devido ao elevado teor de humidade (75-80%) na carne do peixe. Durante o manuseamento e o armazenamento em locais não limpos, são adicionadas mais bactérias. Os peixes sofrem cortes e abrasões durante as operações de captura, o que provoca hemorragias. Estas condições são ideais para a atividade bacteriana que é mais destrutiva para a barbatana. Durante a deterioração, as enzimas e as bactérias actuam sobre várias proteínas e compostos azotados não proteicos da carne do peixe, decompondo-os em substâncias mais simples como o amoníaco, o dióxido de carbono, vários aminoácidos e ácidos gordos voláteis. Em fases avançadas de putrefação, são produzidos certos compostos como o indol e o sulfureto de hidrogénio com odor desagradável. A deterioração ocorre por fases, provavelmente devido à ação de diferentes grupos de bactérias. A carne de peixe fresco é ligeiramente ácida com um pH de 6,4, mas a carne estragada torna-se alcalina com um pH superior a 7,6. Assim, o estádio de deterioração pode ser estimado através da medição do pH da carne. Contudo, para um leigo, um peixe fresco pode ser reconhecido pelas seguintes caraterísticas:

- A carne do peixe fresco deve ser rija e não flácida e mole.
- Quando tocadas, as impressões digitais são deixadas na superfície.

- Os olhos são brilhantes e não opacos.
- As guelras são de cor vermelha viva.
- O cheiro do lodo e das guelras é "a peixe".
- O respiradouro não deve ser saliente.

13.2. Conservação do peixe

O princípio mais importante da conservação de peixe é a limpeza e o saneamento. Este é o requisito mais essencial para manter as bactérias sob controlo. Logo após ter sido apanhado, o peixe deve ser lavado com água limpa e fresca para remover bactérias, lodo, sangue, fezes, etc. O peixe deve ser eviscerado para remover o canal alimentar e outros órgãos internos e deve ser lavado. Desta forma controlar-se-á o efeito das enzimas digestivas e das bactérias do intestino, que causam a deterioração do peixe. O peixe deve ser manuseado em condições sanitárias. O clima quente dos países tropicais fornece as condições mais adequadas para a multiplicação e o crescimento de bactérias. Se a temperatura for baixa, o crescimento é retardado. Por conseguinte, o peixe é mantido a uma temperatura baixa para evitar a sua deterioração.

13.2.1. Arrefecimento

A redução da temperatura para cerca de 0° C é o método mais eficaz para prevenir a putrefação e prolongar a vida do peixe. Por conseguinte, é utilizada uma grande quantidade de gelo para baixar a temperatura do peixe. Os grandes navios de pesca estão equipados com este tipo de instalações. Devem ser colocadas camadas alternadas de gelo e de peixe para baixar a temperatura da carne para, aproximadamente, 0^0 C. Nos peixes grandes, o gelo deve ser aplicado na cavidade abdominal depois da evisceração. Antibióticos como a aureomicina e a terramicina podem ser incorporados no gelo para inibir o crescimento de bactérias. O peixe refrigerado deve ser armazenado adequadamente a uma temperatura constante próxima do ponto de congelação e a atmosfera deve ser saturada com vapor de água para evitar a dessecação.

13.2.2. Congelação

A temperatura pode ser reduzida consideravelmente, se se misturar sal com gelo. A congelação de peixe pode ser efectuada ao ar ou em salmoura. Durante a congelação ao ar, a água da carne separa-se e forma cristais de gelo, de forma que a qualidade do peixe é inferior. O peixe congelado é mergulhado em água fria e armazenado a 10° F. A congelação em salmoura é um processo rápido e produz peixe de melhor qualidade que mantém o seu aspeto natural. No peixe congelado rapidamente, apenas se formam cristais de gelo de tamanho pequeno, que não danificam o tecido. A congelação de peixe também pode ser efectuada com a ajuda de uma corrente de ar frio. Na congelação em salmoura, o peixe é mergulhado num líquido frio. A conservação por congelação causa, muitas vezes, perda de sabor e danos nos tecidos. s vezes, o peixe torna-se menos saboroso. Isto pode ser evitado embrulhando (o peixe em papel de cera ou celofane) e vidrando o peixe. O envidraçamento preserva a cor e o sabor do peixe. A refrigeração necessita de organização e de capital inicial para o seu estabelecimento. Mas é o único método de conservação que preserva o peixe durante longos períodos e durante o transporte. Se se usarem carrinhas e vagões refrigerados, o peixe congelado pode ser fornecido a lugares distantes no interior, sem se estragar. Isto ajudaria, em grande medida, o crescimento da indústria de peixe.

13.2.3. Liofilização

Trata-se de um processo complicado que requer um estabelecimento considerável. Uma vez que se trata de um processo dispendioso e trabalhoso, apenas o peixe mais caro é tratado. O peixe é primeiro congelado e depois seco por sublimação, ou seja, o gelo é convertido em vapor de água sem se fundir em água. O sabor, a cor e o valor nutritivo do peixe são totalmente preservados. Se o peixe se destinar a consumo imediato, é cozinhado depois de se abrir a embalagem ou a lata. O peixe é congelado a 20° C, colocando-o numa câmara de congelação. Os tabuleiros de peixe são então transferidos para uma câmara com placas de aquecimento horizontais para secagem em vácuo. O peixe seco é embalado ou enlatado numa sala com ar condicionado.

13.2.4. Fumar

Este processo inclui a salga, a secagem e a fumagem. O peixe é primeiro tratado com salmoura, cuja concentração de sal varia consoante a espécie. Isto elimina a humidade e impede o crescimento de bactérias. Depois de ser trazido, o peixe é seco em câmaras de fumagem para remover a humidade adicional. A fumagem confere ao peixe o sabor e a cor fumados desejáveis. O fumo tem também uma ligeira ação conservante. Utiliza-se fumo denso húmido de madeiras duras, que é introduzido em câmaras de fumagem através de grandes tubos.

13.2.5. Secagem

Trata-se de um método simples e barato de conservação de peixe. A humidade é removida por secagem para prevenir a ação bacteriana. Contudo, uma secagem extrema reduz a digestibilidade do produto. O peixe é seco ao sol, na praia ou em esteiras, durante 2-3 dias, com uma viragem ocasional. Geralmente, os peixes de tamanho pequeno, como as sardinhas, o pato de Bombaim, o peixe de fita e os camarões, são secos ao sol. Os peixes grandes são cortados em pedaços para facilitar a secagem. A qualidade da conservação depende da quantidade de dessecação e da limpeza observada durante o processo. A secagem ao sol seca e endurece a superfície, mas a humidade é retida na carne, de forma que a decomposição ocorre devido à ação bacteriana; por conseguinte, a secagem por ar frio e seco dá melhores resultados.

13.2.6. Salga

Este é um dos métodos mais antigos de conservação de peixe, que se deve à desidratação do peixe por osmose. Além disso, o sal coagula as proteínas dentro dos tecidos, assim como torna as enzimas inactivas. O sal pode ser aplicado na forma sólida ou em salmoura. O melhor método é limpar o peixe, lavando-o logo após a sua captura. Os peixes maiores são eviscerados e abertos. Aplicar sal fino e seco no peixe e no interior da cavidade abdominal, em quantidade suficiente (cerca de 35 lbs para 100 lbs de peixe). Uma quantidade insuficiente de sal deixará humidade no peixe, devido a uma desidratação incompleta, e causará a sua deterioração. Por conseguinte, os peixes são enrolados em sal e mais sal entre as camadas de peixe durante o armazenamento. Depois da salga, a secagem é feita em lugares frescos e à sombra. A qualidade do sal afecta a conservação. Geralmente, utiliza-se sal comercial que contém impurezas sob a forma de sais de Ca e Mg. Isto provoca a penetração do cloreto de sódio e a decomposição das proteínas nos tecidos. A cor e o sabor do peixe também são afectados. Por conseguinte, deve utilizar-se sal puro com um teor elevado de NaCl. Mesmo 1-2% de impurezas de sais de cálcio e magnésio resultam em peixe rígido e quebradiço com sabor amargo. A utilização de sal puro é, por conseguinte, muito importante. Este peixe é macio, flexível e saboroso. A salga é efectuada em três fases na costa ocidental da Índia (método Ratnagiri). Primeiro, o peixe é eviscerado, dividido e limpo. Metade da quantidade total de sal a utilizar é aplicada e esfregada nas incisões. O peixe é empilhado em montes triangulares de 3' de altura, no chão de cimento. No dia seguinte, os peixes são reembalados e utiliza-se um quarto do sal para esfregar e reembalar. No terceiro dia, o sal restante é utilizado para esfregar e embalar. O stock é então deixado sem ser perturbado durante um período fraco, sendo depois vendido no mercado. Ao longo da costa oriental da Índia e em Andhra Pradesh, a cura do peixe pelo sal é efectuada em covas. O peixe é esfregado em sal e armazenado em covas que são forradas e cobertas com folhas. Após alguns dias, o peixe é retirado e seco ao sol. O produto é de qualidade inferior mas encontra um bom mercado entre as classes pobres. A fim de melhorar a qualidade do peixe curado, foi estabelecido um grande número de estaleiros de cura de peixe em vários centros de montagem de peixe. Estes são geridos pelo Governo ou pelas Sociedades Cooperativas de Pescadores. Nestes locais, o peixe é curado em condições de higiene e sob a supervisão de peritos.

13.2.7. Conservas

O enlatamento é um processo complicado que requer maquinaria e conhecimentos técnicos dispendiosos. Por conseguinte, os produtos são caros. O processo inclui o acondicionamento do peixe em caixas de estanho, que são hermeticamente fechadas e esterilizadas pelo calor. O peixe é primeiro cortado em pedaços de tamanho adequado. A cabeça, as barbatanas e as vísceras são retiradas. Os pedaços são lavados e limpos para remover o sangue. São tratadas com salmoura para retirar o sangue dos tecidos e para lhes dar o grau adequado de firmeza e sabor. Após a cozedura para remover o excesso de humidade, as peças são embaladas em latas que são passadas por uma câmara de vapor para serem exauridas.

As latas são, então, seladas e esterilizadas a uma temperatura adequada, de forma a matar as bactérias que causam a deterioração do peixe. O processamento inclui a cozedura final e a esterilização pelo calor e é a etapa mais importante. Finalmente, as latas seladas são testadas quanto a fugas antes de serem expedidas da fábrica para o mercado.

13.3. Processamento

A transformação do peixe inclui todos os processos acima enumerados, como a limpeza, a congelação, a salga, a secagem, a produção de conservas, etc. O peixe pode também ser transformado em farinhas e óleos comestíveis que são obtidos como subprodutos da indústria do peixe. A farinha de peixe é preparada a partir de partes descartadas do peixe, como tripas, guelras, barbatanas, etc., através de transformação. As espécies de pequeno tamanho ou as espécies que não são populares também são convertidas em farinha de peixe. A maior parte das capturas é consumida fresca, algumas são conservadas ou transformadas para consumo futuro.

13.3.1. Subprodutos da indústria do peixe

O peixe impróprio para consumo humano é frequentemente rejeitado durante a transformação. Estas espécies, que têm pouco valor de mercado, constituem uma matéria-prima importante para uma indústria de subprodutos da pesca. As partes que ficam de fora do peixe transformado também são utilizadas como subprodutos. Os subprodutos mais importantes são o óleo de fígado de peixe, o óleo corporal, o estrume de peixe, a farinha de peixe, a cola de peixe, etc.

13.3.2. Óleo de fígado:

O valor medicinal do óleo de fígado de peixe já era conhecido na antiguidade. O óleo de fígado de bacalhau era conhecido por curar o "raquitismo" e a "xeroftalmia". Para além do fígado de bacalhau, o fígado de várias outras espécies de peixes, como os tubarões e as raias, é utilizado para extrair o óleo. O óleo de fígado de peixe tem a seguinte composição

- Gordura : 55-75 %
- Proteína : 5-10 %
- Água: 20-36%
- Vitamina A e D

É um facto notável que as duas importantes vitaminas A e D, essenciais para o homem, se encontram no óleo de fígado na quantidade necessária, aumentando o seu valor medicinal. Logo após a morte do peixe, as enzimas presentes no fígado iniciam a sua ação sobre a matéria proteica e as gorduras são decompostas em ácidos gordos e glicerol. O óleo torna-se mais escuro devido à oxidação. Por conseguinte, a fim de obter um óleo de boa qualidade, a transformação do fígado deve ser efectuada logo após a captura do peixe. O óleo é extraído do fígado através de três processos principais.

O fígado é cortado em pedaços pequenos e fervido bem com água suficiente. O óleo é retirado da superfície da água. Este é o método mais económico para extrair o óleo do fígado. Para o efeito, utilizam-se dois recipientes metálicos com um espaço de 2-3 polegadas entre eles. O fígado é colocado no compartimento interior e a água no espaço entre os dois. A água é aquecida ao lume até à ebulição. O fígado é constantemente agitado para evitar a oxidação.

O fígado é aquecido com vapor sob pressão, utilizando uma caldeira de vapor com uma válvula de segurança automática para controlar a pressão. A caldeira dispõe igualmente de um mecanismo de agitação acionado pelo vapor. Nas modernas instalações de extração de óleo, o fígado é enviado em fluxo contínuo para uma panela, que está equipada com um elemento de vapor rotativo para aquecimento. A temperatura é aumentada para 90-97° C, e o fígado passa através de um crivo agitador para um tanque de decantação. O óleo é drenado através de um tubo e o resíduo de fígado é desviado para uma centrífuga para processamento posterior. Este é um processo contínuo e produz óleo e pasta de fígado de boa qualidade.

Os pedaços de fígado são triturados até à obtenção de uma pasta e desidratados com sal, como o sulfato de sódio, para remover a humidade. A massa desidratada é extraída com um solvente orgânico, como o cloreto de etilenodiamina. O óleo é obtido por destilação do solvente. Trata-se de um processo dispendioso.

Os pedaços de fígado são digeridos numa solução alcalina fraca por aquecimento. O licor quente é depois centrifugado para libertar o óleo. Pode ser utilizado qualquer um dos processos acima referidos, mas o fígado fresco deve ser tratado o mais rapidamente possível, de modo a que o óleo seja extraído no mais curto espaço de tempo. O aquecimento prolongado deve ser evitado, pois torna o óleo intragável devido à oxidação e à adição de impurezas. O óleo extraído é enviado para purificação, normalização e comercialização.

13.3.3. Peixe OiI

O óleo extraído de todo o corpo do peixe, ou gordura de peixe, é designado por óleo do corpo do peixe, enquanto o óleo do fígado é extraído apenas do fígado do peixe. Geralmente, os peixes com um grande teor de óleo no seu corpo têm um fígado magro e vice-versa. O óleo corporal de peixe contém vitaminas A e D apenas em vestígios, e difere do óleo de fígado nas suas utilizações. Os óleos corporais são utilizados no fabrico de sabões insecticidas e, após hidrogenação para remover o odor a peixe, podem ser utilizados no fabrico de sabão para a roupa e de velas. O óleo corporal também é utilizado para temperar o aço e para lubrificar o fundo dos barcos para os proteger contra a podridão do mar. É igualmente utilizado no fabrico de tintas e vernizes mais resistentes ao calor. Um óleo de boa qualidade é de cor amarela clara a castanha, enquanto o óleo de cor escura é de qualidade inferior. O peixe fresco ou conservado em sal é fervido em água e o óleo é retirado o mais rapidamente possível, uma vez que escurece se for deixado em contacto com a massa quente. A carne cozida é prensada para se obter um óleo amarelo-escuro que contém impurezas e tem mau cheiro. Nas grandes fábricas, o peixe é desviado em fluxo contínuo para câmaras aquecidas a vapor. Em seguida, são transferidos para um cilindro para serem prensados. Nas indústrias, o peixe é cozido em panelas com uma quantidade suficiente de água. Geralmente, prefere-se uma panela de cobre e o peixe é constantemente mexido para cozer de forma uniforme e rápida. Se se utilizar peixe velho e decomposto, o produto é de qualidade inferior devido à ação de bactérias e enzimas. A mistura de óleo e água é passada para tanques de decantação ou cilindros metálicos e aquecida a 150°F para separar o óleo e a água. O óleo deve ser libertado de toda a humidade através de um tratamento com vapor sob pressão. O óleo purificado e seco mantém-se em bom estado durante um longo período, se for corretamente armazenado. Se não for purificado e armazenado corretamente, ocorre decomposição devido à ação de enzimas na presença de luz, ar e humidade.

13.3.4. Farinha de peixe

A farinha de peixe é preparada a partir de tecido limpo, cozinhado e seco de peixe não decomposto. As espécies que constituem a matéria-prima são as sardinhas, as cavalas, o peixe-fita, a barriga de prata, os tubarões e as raias. Os peixes de grandes dimensões são cortados em pedaços, enquanto os pequenos são tratados como um todo. O processo de fabrico consiste em ferver o peixe numa quantidade suficiente de água em grandes panelas para extrair o óleo. A massa cozida é depois prensada para remover a água. O bolo resultante é então seco ao sol, tendo o cuidado de evitar a mistura de areia. Em seguida, é transformado em pó por máquinas para preparar a farinha de peixe.

São construídas grandes fábricas para funcionamento contínuo em locais onde o peixe é desembarcado em quantidades consideráveis. O peixe é transportado continuamente para os fogões, de onde passa para as prensas de parafuso. O material prensado é seco em cilindros de vapor e prensado hidraulicamente para extrair óleo e água. A massa sólida é transformada em pó, embalada e comercializada. A farinha de peixe pode ser armazenada em recipientes esterilizados hermeticamente fechados durante um período bastante longo. A farinha de peixe contém cerca de 60% de proteínas, 5% de gordura, 15% de cinzas, etc.

Constitui um alimento muito valioso para aves de capoeira e gado, e aumenta a produção de leite e de ovos devido ao seu elevado teor de proteínas e vitaminas. O fabrico de farinha de peixe pode ser uma indústria caseira, uma vez que necessita de equipamento barato.

13.3.5. Estrume de peixe

O estrume de peixe é utilizado em muitos lugares e está a tornar-se cada vez mais popular devido ao seu elevado valor nutritivo. São obtidos três tipos de estrume de peixe:

(1) Estrume de peixe (ii) Estrume de camarão e (iii) Guano de peixe.

O estrume de peixe é preparado através da secagem do peixe ao sol na praia do mar. Quando há uma oferta abundante de peixe ou quando este é trazido para a costa em estado estragado, é impróprio para consumo humano . Por isso, é simplesmente espalhado na praia e seco. Este peixe seco, quando misturado com cinzas, forma um estrume ideal e contém 5-7% de azoto e fosfato. Principalmente as cavalas, as sardinhas e algumas outras espécies são secas para produzir estrume. O estrume de camarão é composto de resíduos como a cabeça, a cauda e a casca do camarão. Contém 5 a 6% de azoto e 3 a 4% de fosfato e alguma cal.

O guano de peixe é preparado a partir de sardinhas que são desembarcadas em abundância na costa do Malabar. Os peixes são cozinhados e prensados para obtenção de óleo em fábricas de óleo de peixe. A matéria sólida que sobra forma o guano de peixe e contém 8-10% de azoto e fosfatos. O guano de peixe mistura-se rapidamente com o solo e é facilmente utilizado pelas plantas.

13.3.6. Proteína hidrolisada de resíduos de peixe

A carne residual de peixes como os tubarões e as raias pode ser convertida num valioso alimento proteico para consumo humano. Primeiro, a carne de peixe é picada e lavada. Depois, ferve-se com ácido acético diluído durante, aproximadamente, uma hora a 80° C. Após uma lavagem cuidadosa para remover o ácido e os lípidos, o peixe é prensado e seco. O produto é então tratado para remover a gordura e melhorar a sua qualidade. A proteína resultante é insolúvel em água, não difusível e difícil de absorver. Por conseguinte, é hidrolisada com 10% de soda cáustica a cerca de 80° C. A substância liquefeita é neutralizada com ácido acético e seca por pulverização até se obter um pó de cor creme com sabor natural. O processo permite obter um rendimento de 10% da matéria-prima e é rico em proteínas (35%). A proteína hidrolisada é facilmente digerível e é muito útil para pacientes que sofrem de deficiências nutricionais.

13.4. Outros subprodutos

13.4.1. Vidro de seda

É produzido a partir da bexiga de ar de certos peixes, como os peixes-gato, as percas, os Scianids e os polinemids. A bexiga de ar destes peixes é exportada para preparar a cola de peixe. Para o efeito, a bexiga de ar é retirada do peixe, lavada para eliminar o sangue e as camadas mais exteriores são raspadas. A camada interior é cortada, lavada em água fria e batida num pedaço de madeira até ficar achatada, sendo depois seca ao sol e comercializada. A bexiga de ar é dissolvida num pouco de cerveja, formando uma mucilagem espessa. Um pouco desta pasta, denominada ictiocola, é adicionada ao vinho para o purificar. Todas as matérias em suspensão se sedimentam em poucas horas e o licor fica perfeitamente transparente. É também utilizada na preparação de rebocos e cimentos especiais.

13.4.2. Farinha de peixe

A farinha de peixe é uma qualidade superior da farinha de peixe, que é utilizada para consumo humano. Pode ser misturada com farinha de trigo (10% de farinha de peixe e 90% de farinha de trigo), e é utilizada para enriquecer o valor nutritivo do pão, bolachas, bolos, etc.

13.4.3. Cola de peixe

É preparada a partir da pele, barbatanas e espinhas, que são lavadas, moídas e cozinhadas em recipientes com camisa de vapor durante 6-10 horas com pouco ácido acético. O líquido é separado e concentrado para formar cola de peixe, que é utilizada como adesivo para encadernação de livros, etiquetas, caixas de papel, etc.

13.4.4. Pele de peixe

A pele dos tubarões e das raias é curtida e comercializada. Em primeiro lugar, a pele é separada dos músculos aderentes e tratada com uma solução salina e ácido clorídrico diluído. Após a remoção das escamas e a limpeza, a pele é curtida da forma habitual. É utilizada no fabrico de sapatos, sacos, carteiras, etc.

As barbatanas secas dos tubarões são exportadas para a China, onde são muito procuradas para a preparação de sopas.

13.4.5. Conchas de moluscos

As conchas de bivalves e de outros moluscos são utilizadas para a preparação de cal e de pó de branqueamento. As conchas bonitas são também utilizadas no fabrico de artigos de fantasia que são bastante atraentes e têm um bom preço.

Referências

e "Actividades do NFDB". Conselho Nacional de Desenvolvimento das Pescas - Governo da Índia. 2008.

- "Relatório anual: India, 2008-2009". Department of Animal Husbandry Dairying and Fishris, Ministério da Agricultura, Governo da Índia. 2009.
- "Índia - Panorama do sector nacional das pescas". Organização das Nações Unidas para a Alimentação e a Agricultura. 2006.
- "Visão geral do sector da aquicultura nacional: India". Organização das Nações Unidas para a Alimentação e a Agricultura. 2009.
- Barnes, R.D., 1980, Invertebrate Zoology, W.B. Saunders Company, Philadelphia and London.
- Barrington, E.J.W., 1974, Invertebrate structure and function, Thomas Nelson and Sons Ltd., Londres.
- Berril, N.J., 1966, Biology in Action, Heinemann Educational Books Ltd., Londres, Reino Unido.
- Bhattacharyya A., Bhaumik A., Pathipati U. R., Mandal S. e Epidi T. T. (2010). Nano-particls - A rcnt approach to insct pest Control, African Journal of Biotchnology. 9(24), pp. 3489-3493.
- Borradaile L.A., F.A. Potts e L.E.S. Estham, 1962, The Invertebrata, Asia Publishing Hous, Bombaim, Índia.
- Brown Jr., F.A., 1956, Selected Invertebrate Types, John Wiley and Sons, New York, U.S.A.
- Buchsbaum, R., 1963, Animals without Backbones, Chicago University Press, Chicago, U.S.A.
- Buffaloe, N.D., 1964, Principles of Biology, Prentice Hall of India Pvt. Ltd. New Dlhi, Índia.
- Bullough, W.S., 1958, Practical Invertebrate Anatomy, Macmillan and Company Ltd., Londres, Reino Unido.
- Carter, G.S., 1961, A General Zoology of the Invertebrates, Sidgwick and Jackson Ltd., Londres; Reino Unido.
- Das, S.K. (2011): Estratégia de Gestão para utilização de recursos aquáticos subutilizados com abordagem Pró-Pobres, Pró-Gndr e Pró-Natureza.(In:A.Sinha, S Dutta e B.K Mahapatra Eds) Divrsificação da Aquacultura, Narendra Publishing Hous, pp.355-363.
- Das, S.K. e Padhi, S.N. (2010): Biological Considerations in Shrimp Farming. (In: L.R.Patro Ed.) Aquatic Biodivrsity, Discovery Publishing House, NewDelhi.

    Pp.53-62. Felix, S. (2011): Vannamei (Litopenaeus vannamei) farming- A stich in time can avertanother aqua-calamity in India. Fishing Chimes, 30(12): 26-28.

- Davenport, J. e Sayer, M.D.J.1993, Physiological determinants of disrtribution in fish. J. Fish Biol. 43(Suppl. A);121-145.
- Glover P.M (1937): Lac cultivation in India. ILRI, Namkum Ranchi. 119 pp.

- Groove, A.J.,G.E. Newel e J.D. Carthy, 1962, Animal Biology, University Tutorial Press Ltd., Londres, Reino Unido.
- Hegner, R.W., e J.G. Engemann, 1968, Invertebrate zoology, Macmillan and Co. Ltd., Nova Iorque, E.U.A.
- Hickmann, C.P. 1961, Integrated Principles of Zoology, The C.V. Mosby Co., Louis.
- Hickmann, C.P. 1973, Biology of The Invertebrates, The C.V. Mosby Co., Louis.
- Hutchinson, W, Jeffrey, M, O'Sullivan, D., Casement, D. , Clarke, S., "Recirculating Aquaculture Systems: Minimum Standards for Design, Constructionand Management.", Inland Aquaculture Association of South Australia Inc., 2004. , 2004.
- Hyman, L.H. 1967, The Invertebrates, Mollusca 1, Vol VI, McGraw Hill Book Company, Nova Iorque.
- Conselho Indiano de Investigação Agrícola, 2006, Handbook of Fisheries and Aquaculture, ICAR, Nova Deli.
- Menon,N.R. (2007): Human Resource Development in fisheries in India and its relevance in the present context. Actas do Workshop Nacional sobre "Fishfor All through Quality Fisheries Education", Faculdade de Pescas, Panagad, Kochi, Pp.3-17.
- Morton, J.E., 1967, Molluscs, Hutchinson University Library, Londres.
- Padhi, S. N. (2014). Aplicação da biologia para o autoemprego. Edtd vol. Nanda Kishore Publication, Bhubaneswar.
- Panda, Aparajita; Panda, Sasmita e Das, S.K. (2016). Utilização sustentável de água salobra para a produção de camarão e peixe. Em Water For Survival. Publicação Nanda Kishore. Pp 18-22. ISBN-978-81-932445-0-1.
- Panda, Sasmita (2016). Uma revisão sobre reprodução induzida em peixes. Ijbio. Vol. 5, (5). Pp 4579-4588. ISSN-2278-778X.
- Panda, Sasmita (2016). Piscicultura composta para emprego remunerado. Ijbio. Vol. 5, (6). Pp 4593-4596. ISSN-2278-778X.
- Panda, Sasmita; Panigrahi, G.K. e Padhi, S.N. (2015): Caraterísticas limnológicas das lagoas para a melhoria dos meios de subsistência dos pescadores através da aquicultura. Ijbio. Vol. 4, (12). Pp 4590-4594. ISSN-2278-778X.
- Parker, T.J. e William, A. Haswell Editado por A.J., Marshall e W.D. Williams. (7ª edição), 1972, A Text Book of Zoology: Invertebrates, English Language Book Society e Macmillan Company, Londres.
- Pon, R.D, 1968, The Biology of Mollusca, Pergamon Press, Nova Iorque.
- Ponniah, A.G. (2010): Shrimp Culture. Hand book of Fisheries and Aquaculture , Conselho Indiano de Investigação Agrícola, Nova Deli, pp-348-360.
- Ravichanran, P. (2006): Shrimp Farming. Hand bookof Fisheries and Aquaculture, Conselho Indiano de Investigação Agrícola, Nova Deli, pp-392-403. Instituto de Investigação, Ranchi.
- Russel-Hunter, W.D., 1968, A Biology of Higher Invertebrates, The Macmillan Co., New York.
- Russel-Hunter, W.D., 1968, A Biology of Lower Invertebrates, The Macmillan Co., New York.
- Snodgrass, R.E., 1952, A Text Book of Arthropod Anatomy, Comstock Publishing

Associates, Ithaca, New York, U.S.A.

- Stiles, K.A., R.W. Henger, e R.A. Boolootian, 1969, College Zoology, American Publishing Co., Pvt. Ltd., Nova Deli, Bombaim, Calcutá, Índia.
- Storer, T.L., e R.L. Usinger, 1965, General Zoology, McGraw Hill Book Company, Nova Iorque, Londres.
- Verma, P.S., 2007, A Manual of Practical Zoology Invertebrates, S. Chand & Co. Ltd., Nova Deli, Índia.
- Wilmoth, Jmaes H., 1967, Biology of Invertebrates, Prentice Hall, Inc., Englewood Cliffs, Jersey. Englewood Cliffs, New Jersey.
- Alikunhi, K.H., e H. Chaudhuri. "Observações preliminares sobre a hibridação da carpa comum *(Cyprinus carpio)* com carpas indianas" Proc. 46th Indian Sci. Congr., Delhi (1957). Imprimir.
- Avnimelech,Y., M. Kochva et al., "Development of controlled intensive aquaculture systems with a limited water exchange and adjusted carbon to nitrogen ratio". Israeli Journal of Aquaculture Bamidgeh 46(3) (1994): 119- 131.Print.
- Boletim da Associação Europeia de Patologistas de Peixes 22 (2) (2002): 117-125. Imprimir.
- Hastein, T. "Animal welfare issues relating to aquaculture", Actas da Conferência Mundial sobre o Bem-Estar dos Animais: uma iniciativa do OIE, (2004):219-231. Impressão.
- Jhingran,VG "Introduction to Aquaculture Nigerian Institute for Oceanography and Marine Research", FAO, Roma (1987). Imprimir.
- Krkosek, M., A. Gottesfeld, B. Proctor, D. Rolston, C. Carr-Harris, M.A. Lewis. "Effects of host migration, diversity, and aquaculture on disease threats to wild fish populations" [Efeitos da migração de hospedeiros, diversidade e aquacultura nas ameaças de doenças às populações de peixes selvagens]. Actas da Royal Society of London, Ser. B 274(2007): 3141-3149. Imprimir.
- Krkosek, M., M.A. Lewis, A. Morton, L.N. Frazer, J.P. Volpe. "Epizootias de peixes selvagens induzidas por peixes de viveiro". Actas da Academia Nacional de Ciências 103(2006): 15506-15510. Imprimir.
- Krkosek, Martin, et al., "Report: "Declining Wild Salmon Populations in Relation to Parasites from Farm Salmon" [Declínio das populações de salmão selvagem em relação aos parasitas do salmão de viveiro]. Science 318 (5857) (2007): 1772-1775. Imprimir.
- Manci, Bill. "Notícias da Piscicultura - A produção aquícola atinge novos patamares". (2013).Imprimir.
- Manju lekshmi, N., G.B. Sreekanth, N.P. Singh: "Composite fish culturein ponds" Publicação ICAR, Goa, Índia (2014). Imprimir.
- Martins, C. I. M., E.H. Eding, M.C.J. Verdegem, L.T.N. Heinsbroek, O. Schneider, J.P. Blancheton, E.R. d'Orbcastel, J.A.J. Verreth. "Novos desenvolvimentos em sistemas de aquacultura de recirculação na Europa: Uma perspetiva de sustentabilidade ambiental" (PDF). Aquacultural Engineering 43 (3) (2010): 8393. Imprimir.
- Morton, A., R. Routledge, C. Peet, A. Ladwig . "Sea lice *(Lepeophtheirus salmonis*) infection rates on juvenile pink (*Oncorhynchus gorbuscha*) and chum (*Oncorhynchus keta*) salmon in the near shore marine environment of British Columbia, Canada". Canadian Journal of

Fisheries and Aquatic Sciences 61(2004): 147-157. Imprimir.

- Morton, A., R. Routledge, M. Krkosek. "Sea louse infestation in wild juvenile salmon and Pacific herring associated with fish farms off the east-central coast of Vancouver Island, British Columbia". North American Journal of Fisheries Management 28(2008): 523-532.Print.
- Naylor, R L., RJ. Goldburg, H. Mooney et al., "Nature's Subsidies to Shrimp and Salmon Farming". Science 282 (5390) (1998): 883-884. Imprimir.
- Padhi, S.N.; S.K. Das, A. Panda e Sasmita Panda. Em "Employment Through Aquaculture". Publicação Nanda Kishore, Bhubaneswar (2015). Imprimir.
- Swift, DR Aquaculture Training Manual Edition 2, John Wiley & Sons. (1993) ISBN 9780852381946. Imprimir.
- Torrissen, Ole, et al., "Atlantic Salmon *(Salmo Salary.* The 'Super-Chicken' Of The Sea. "Reviews In Fisheries Science 19.3 (2011): 257-278. Academic Search Premier. Imprimir.
- Weaver, D E. Conceção e funcionamento de biofiltros de leito fluidizado de meios finos para satisfazer as necessidades de água oligotrófica Aquacultural Engineering 34(3) (2006): 303-310. Imprimir.
- Alikunhi, K. H., e Chaudhuri, H. (1959). Observações preliminares sobre a hibridação da carpa comum (*Cyprinus carpio*) com carpas indianas. Proc. 46º Congresso Científico Indiano, Deli.
- Alikunhi, K.H., Vijayalakshmanam, M.A., e Ibrahim, K.H. (1960). Observações preliminares sobre a desova de carpas indianas, induzida por injeção de hormona pituitária. Indian J.Fish., 7, 1-19.
- Billard,R.,K. Alagarawami, R.E. Peter e B. Breton(1983). Potencialização pela pimozida dos efeitos do LH-RH-A sobre a secreção gonadotrófica hipofisária, a ovulação e a espermiação da carpa comum *(Cypiiiiii\ carpio).* C.R. Acad. Sci. Paris 296:181-184.
- Chaudhari, H. e K.H. Alikunhi: Observations on the spawning in Indian carps by hormone injection (Observações sobre a desova em carpas indianas por injeção de hormonas). Curr. Sci., 26,381-382(1957).
- Chonder, S. L., HCG um melhor substituto da glândula pituitária para a reprodução induzida de carpa prateada à escala comercial. In: Actas da segunda conferência internacional sobre aquacultura de águas quentes, Hawaii, G.S.A., pp 521-534 (1985).
- Fontenele, O. (1955). Injeção de hormonas hipofisárias (hipofisárias) em peixes para induzir a desova. Progr. Fish-Cult., 17,71-75.
- Gerbil' skii, N.L. (1938). Expedição para o estudo da fisiologia da desova". Ribnoe Khoziaistvo, 18,33-36. (Em russo).
- Houssay, B.A. (1931). Action sexuelle de phypophyse sur les venons et les reptiles. C.R. Soc. Biol., Paris,106, 377-378.
- Harvey, B.J. e W.S. Hoar. (1979). A teoria e a prática da reprodução induzida em peixes. IDRC-TX 21e.48p.
- Iherring, R von (1937). Um método para induzir os peixes a desovar. Prog. Fish-Cult., 24,15-16.
- Khan, H. (1938). Ovulação em peixes (Efeito da administração do lobo anterior da glândula

pituitária). Curr.Sci., 7, 233-234.

- Kazanskii, B.N. (1939). "A estação de produção de esturjão Veltianka no rio Volga". Rybnoe Khoziaistvo, 19,21-22.
- Nandeesha, M.C., K.G. Rao, R. Jayanna N.C. Parker, T.J. Varghese, P. Keshavanath e H.P.C. Setty: Induced spawning of Indian major carps through single application of Ovaprim In: The second asian fisheries forum, (Eds: R. Hirano and M. Hanyu). Sociedade Asiática de Pesca, Manila, Filipinas. Pp. 581-585 (1990).
- Peter, R. E., J. P. Chang, C. S. Nahorniak, R. J. Omeljaniuk, M. Sokolowska, S. R. Shih e R. Billard.1986. Interação de catecolaminas e sGnRH na regulação da secreção de gonadotrofinas em peixes teleósteos. Recent Prog.Horm.Res.42:513-548.
- Ramaswamy, L. S., e Sundararaj, B.I. (1956). Induzindo a desova no peixe-gato indiano. Science,123,1080.

Printed by Books on Demand GmbH, Norderstedt / Germany